澤田大樹

ラジオ報道の現場から

声を上げる、声を届ける

AKISHOBO

ラジオ報道の現場から

声を上げる、声を届ける

もくじ

第五章 声を上げる、声を届ける——ラジオジャーナリズムはどこへ

装丁　川名 潤

プロローグ

「私は適任ではないと思うのですが」

「おもしろおかしくしたいから聞いているんだろ」

「いや、何が問題と思っているかを聞きたいから、聞いているんです」

二〇二一年二月四日、新型コロナウイルス感染症の感染拡大により一年延期された東京2020オリンピック・パラリンピックの開催まで残り半年を切ったこの日、大会組織委員会の森喜朗会長（当時）が会見を開いた。自身の女性蔑視発言について釈明をするために開かれたこの会見の場で、私は森会長に向かってこう問うた。

そもそも、私はオリンピックを取材する記者ではなく、会見場にいたのも当日のなりゆきだった。しかし、わずか二十分弱の会見の、たった数分の取材相手とのやり取りのあと、携帯電話の通知は鳴りやまなくなり、自分の名前がTwitterのトレンド入りした。テレビ番組、雑誌、ネットメディア……ラジオ局の一記者である私のもとにいくつもの取材依頼が舞い込んだ。私は、何も特別なことをしたわけではない。市民としておかしいと思ったことに声を上げ、記者として真意を確かめる仕事をしただけ。だが、この日を機に、私の記者人生は少しずつ変わり始めた。

私は東京にあるラジオ局の、局でたったひとりの専業記者だ。この三年ほどは、災害取材などを除いては国会周辺を中心に取材をして来た。自ら「国会担当記者」と名乗ることもあるが、ひとりしかいないので実は担当も何もない。何か起きれば取材に出かける。ただ、二月の森氏の会見がきっかけとなり、以降も東京オリンピック・パラリンピックをめぐる取材を進め、会見にも頻繁に足を運ぶようになった。

なりゆきで始まった取材だったが、会見を取材するたびに明らかになるのは、オリンピックと政治の切り離せない関係性だった。「誰が何のためにオリンピックをやりたいのか」「アスリートのためなのか」「政府やIOC（国際オリンピック委員会）の関係者がやりたいだけではないのか」。取材を始めてから、菅義偉首相（当時）のぶら下がり（囲み）会見でも、森氏の後任の橋本聖子大会組織委員会会長の会見でも、私のこうした疑問に対する明確な答えは得られなかった。

ただ、私が日々取材する国会の質疑では、政府の新型コロナウイルス感染症対策分科会の尾身茂会長が「こういう（感染が拡大する）状況の中で何のためにやるのか明確ではない」（二〇二一年六月二日、衆議院厚生労働委員会）と述べ、開催する場合は理由を説明するべきだとの認識を示していた。

二〇二〇年以降、新型コロナウイルス感染症が国内で広がり始めてからは、医療、特に感染症の専門家をたびたび取材するようになった。彼らからは「『オリンピックをなぜ開催するのか』をリーダーがしっかり説明しないと、国民に自粛要請に応じてもらえなくなる」との強い危機感が示されていたのだ。それにもかかわらず、国や自治体、組織委員会のリーダーたちに対して、私たちメディアは「なぜオリンピックを開催するのか」という根本的な疑問をほとんど投げかけていないのでは、と思うようになった。その原因のひとつは、メディアの取材体制にある。たとえば、官邸は政治部が、東京都や組織委員会は社会部が、ＪＯＣ（日本オリンピック委員会）はスポーツ部がといったように、それぞれ異なる部署の記者が担当する。各記者は目の前の取材に集中するあまり、自らの取材領域を横断することがない。俯瞰した視点が持てなくなり、本質的な質問ができなくなっているのではないだろうか。これは、ラジオ記者である私とかなり異なるスタイルだ――メディアの片隅にいるひとりとして、そう感じる機会が多々あった。

　責任主体は不明確、多くの疑問は解消されず、リーダーたちから納得できるメッセージが出されないまま、東京オリンピック・パラリンピックは開催された。そして、開会に合わせるかのように新型コロナウイルスの新規感染者の数も増加していった。開幕直前までオリンピック開催による感染拡大への影響を懸念していたメディアも、開幕すればオリンピック報道一色となった。五輪開催による感染拡大の懸念を報じ続けた自認があった私は、同じメディアの人間として忸怩たる思いがあった。

　近年、「マスゴミ」の呼称にあらわされるように、マスメディアから国民の心が離れていると感じる。その背景には、メディアが巨大化し官僚的になり、自身の特権にあぐらをかき、強引な取材手法をとったことなどが、SNSを通じて多くの国民に可視化されるようになったことがあると思う。加えて、マスメディアが報じる内容に対しても、国民は違和感を抱いているのではないだろうか。

いまや多くのマスメディアが各々の媒体のほかにも、SNSのアカウントを持ち、新しいニュースがあればシェア数を競うかのようにいち早く配信する。各メディアが即時性を追い求めた結果、金太郎飴のような報道ばかりになってはいないだろうか。今伝えるべきは、速報性だけにとらわれない情報のはずだ――。

ラジオ局はその規模だけで言うと、「マス」メディアではない。しかし、決して少なくはないリスナーに寄り添い、新聞やテレビ、インターネットメディアとは一線を画した視点から、独自の情報を提供しているメディアであるとその現場に身を置く私は思うのだ。新聞、テレビ、通信社など大手メディアと比べれば、記者の数は圧倒的に少ない。しかし、人数が少ないがゆえにひとりが幅広い分野をカバーしなくてはならないからこそ、多くの視点を持てるのだ。それが積み重なり、本質に迫る問いを取材対象者にぶつけられる。

本書では「マス」とは言えないメディアのラジオ記者が、時に人手メディア記者たちから軽んじられながらも、日々どのような取材をし、何を伝えようとしているのかをお伝えできればと思っている。また、ラジオというメディアがどういった特性を持っているかも述べてみたい。これまでラジオはどんな声を拾い、これからどんな声を届けていくのかを。

第一章

自分にとってラジオとは

ラジオの原点

みなさんは、ラジオといつどこで出会っただろうか。あるいはまだ出会っていないという方もいるかもしれない。私は、人がラジオを聴くかどうかは、身近なところにラジオがあったかどうか、聴く人がいたかどうかで決まると思っている。

私の場合、子ども時代にラジオを聴くのは父の車に乗るときだった。

父の車のカーラジオはいつも地元のAM局、ラジオ福島にチューニングされていて、平日昼はアナウンサーがパーソナリティを務める軽妙なトーク番組を、夜はプロ野球中継を、週末には音楽番組を、といったようにその時々に流れていた番組を半ば強制的に聴かされた。

父は全国ネットで放送されている番組が好きだったようで、「小沢昭一の小沢昭一的こころ」、「永六輔の誰かとどこかで」（いずれもTBSラジオ制作＝JRN系）、「武田鉄矢今朝の三枚おろし」（文化放送制作＝NRN系）などをよく聴いた記憶がある。父の車に乗るときだけという、断片的なラジオ体験ではあるが、父としたドライブの思い出と流れていた番組が結びついている。集中して番組を聴いていたわけではないものの、流れる車窓の風景とともに、パーソナリティの話やかかっていた音楽が身体の中に入ってくるように感じた。子どもには難しい話であっても、話し手の声質や間の取り方、しゃべり方のリズム次第で、きちんと頭に入ってくる。家事、育児、介護、仕事をしながら、また移動中でも聴くことができるのがラジオメディアの特性だ。それだけ生活に寄り添ったメディアと言える。「これは、ちょっとおもしろいものかもしれない」。そう感じた私は、小学二年生の頃には家にあったラジカセを独り占めして、音楽番組を中心に熱心にラジオを聴くようになった。当時の私は転校したてで、学校になじめずにいた。同級生たちがテレビゲームや好きなテレビ番組の話に興じる中、周りの誰も聴いていないラジオという特別なものを自分は知っているのだと思うことで、自尊心を保っていた。

数年後、小学校高学年になると自分の部屋を与えられた。ただ、部屋にテレビはなかったから、寝るまでのお供として私とラジオの繋がりは一層濃くなった。その頃、私とラジオの関係を決定づける番組との出会いがあった。ラジオ福島で一九九〇年代初頭から一九九八年まで放送されていた「サスケネエダ王国ドンマイ団」だ。番組を架空の国と位置づけ、リスナーは国民、番組で投稿はがきが読まれると「ヤレル」という通貨が贈られるというもので、福島県内では人気があった。リスナーが参加してラジオドラマを作ったり、年末には独自の紅白歌合戦をしたり、さらには関係者が所有する田んぼを使って毎年田植えや稲刈りを行ったりしていた。私は、番組に毎週はがきを送ってたびたび紹介される、いわゆるはがき職人となり、番組主催のイベントにも参加していた。

RPGゲームのような番組名だが、内容は中高生向けというわけではなく、イベントでは私のような小学生から大人まで幅広い世代のリスナーたちが一堂に会した。小学生で定期的にはがきが読まれていたこともあり、何度か参加するうちに顔を覚えてもらい、だいぶかわいがってもらえた。学校で居場所を作れなかった私にとって、番組を通じて共通言語を持った大人と交流する体験は、同級生たちは決して経験できないだろうという特別感があったし、学校以外に自分を承認してくれる社会があるのだと気づかせてくれた。また、はがきを読まれたことは、自分の考えを親でも先生でも友達でもない第三者がおもしろいと思ってくれた証しであり、「今の自分でいていい」と言ってもらえた気がした。私の生活は、番組が放送される木曜日を中心に回っていた。

なぜこれほどラジオが私の心をとらえたのだろう。今思い返すと、そのメディアの特性に行き当たる。ラジオはマスメディアのひとつで、不特定多数に向けて情報発信されるにもかかわらず、受け手と送り手の距離が近い。ラジオの話し手は「パーソナリティ」と呼ばれ、受け手であるリスナーに対して自己開示をする場面も多い。リスナーの側もメールやはがき、ファックスなどで時に個人的な悩みを相談したりもする。さらに、そのやり取りを聴いた別のリスナーがリアクションを送るといった、特異なコミュニケーション空間が築かれる。そのうえに放送が成り立っている。また、公共の電波に乗ることもあってか、ネットと異なり露悪的に人を傷つけるようなやり取りが起きづらい。当時はそこまで意識していなかったが、この体験こそ、ラジオが自分の中心に据えられたきっかけなのだと思う。その証拠に、当時の私がなりたかった職業は「ラジオのアナウンサー」だった。ただ、この番組は私が中学三年の頃に終了してしまい、その後高校受験が控えていたため、そこでいったんラジオとの関係は切れてしまう。

TBSラジオとの出会いは「アクセス」

高校に入学すると、またラジオを聴くようになった。入った部活の先輩がアニメオタクで、私は話題についていくため、「アニラジ」と呼ばれるアニメがテーマだったり、声優が出演したりする番組を聴いていた。福島県内で聴ける番組は限られていたので、アニラジがたくさん放送されていた文化放送やラジオ大阪、東海ラジオなどにチューニングして聴くようになった。

福島以外の局を知り、私のラジオ熱に再び火がついた。新聞で紹介されていたTBSラジオの番組「BATTLE TALK RADIO アクセス」を毎日聴くようになった。平日二十二時から放送され、日々のニュースや社会問題について、コメンテーターや専門家、そしてリスナーが意見を交わしあう番組だった。ナビゲーターを務めていたTBSの小島慶子アナウンサー（当時）やタレントの麻木久仁子さんが各々の意見の対立ポイントを明確にし、議論を促していた。気鋭の論客や独自の視点を持つ作家、メディア人らがコメンテーターやゲストとして登場し、リスナーも電話で参加して議論を戦わせるスタイルが画期的だった。

ラジオは映像がないので、テレビのニュース番組と比べると理解しづらいと感じる方がいるかもしれない。けれども、出演者が時間をかけて丁寧に言葉を選んで解説するニュースは私の中にスッと入ってきただけでなく、さらなる知識欲を刺激した。今思えば、両親が日々の食卓で政治について語り合うような家庭に育った私にとって、番組を通して国内外の様々な出来事に触れることは、家族と会話するために必要だったのだ。受験生時代は毎日勉強しながら聴いていて、二〇〇一年九月十一日のアメリカ同時多発テロもこの番組で知った。火曜日のコメンテーターを務めていた宮崎哲弥さんが、いつもの穏やかな語り口ではなく深刻に、かつ慎重に言葉を重ねていた。普段の放送とのあまりの雰囲気の違いに、事の重大さを印象づけられたのを覚えている。

高校を卒業すると福島を離れ、沖縄県の琉球大学へと進学した。入学当初はお金がなくてテレビを買えず、実家から持って行ったラジオを聴く生活が続いていた。沖縄は百三十万人の人口に対して民放AM二局、FM一局にNHKと、複数のラジオ局があるラジオ大国だった。進学先が民俗学を研究する学科で、聞きなれない沖縄方言を理解することが重要だった。大学でも沖縄方言を学ぶ「ウチナーグチ入門」を受講していて、同じ授業を受けていた県外出身の友人から紹介されたのが、ラジオ沖縄で毎朝五時から放送している「安盛の暁でーびる」という番組だった。パーソナリティは民謡歌手の吉田安盛(あんせい)さんと妻で舞踊家の盛和子(もりかずこ)さんが務め、オープニングトークからすべて沖縄方言のため、聴き始めた当初はふたりが何を話しているのか全くわからなかった。

授業を受け、毎朝五時に起きて番組を聴くのが日課となり、少しずつだが方言が理解できるようになった。こうして、ラジオは再び私の生活に欠かせないものとなった。

大学院は一転北上して、宮城県の東北大学に進学した。日々研究に励む中、パソコンの前で作業をしながら聴いていたのがＴＢＳラジオが展開していたPodcastだった。昼に放送していた「ストリーム」という番組の一コーナー「コラムの花道」は忘れがたい。プロインタビュアーの吉田豪さんや映画評論家の町山智浩さんらがカルチャー周りの話題を取り上げ、毎日、放送後にPodcastが配信されていた。自宅と大学の往復だった研究中心の生活の疲れを癒してくれ、日々の支えになった。

修士課程を終えて、大学院に残る選択肢もあったが、私は自分が研究に向かないと感じ、大学院二年生のときに就職活動を始めた。そのときは広告業界を中心に受けていた。実は広告業界を志望したのも、ラジオ体験が影響している。

はがき職人をしていた頃、自分の考えたネタを採用された経験から、自身のアイデアを形にする仕事としてＣＭ制作に興味を持ったのだ。親から「社会を動かす仕事をしろ」と言われて育ったこともあり、広告業界を目指して、大学院の一年のときには雑誌『広告批評』が主催していた広告学校に、週二回仙台から東京まで夜行バスで通っていた。毎週出される課題に対して自分のアイデアをぶつけていく作業は、ラジオのはがき職人時代にやっていたことと通じ、とても刺激的だった。単におもしろいことを考えるのではなく、クライアントから与えられるミッションをいかに達成するか。そのためにどんなメッセージを伝えるのかを常に考え続けた。これは今番組を作るときに役立っている。たまたまだと思うが、そこで講師を務めていた現場のクリエイターたちに褒められたものだから、私は気をよくして、広告業界を中心に就職活動を始めた。もちろんラジオも聴いていたので、記念受験的にTBSラジオの入社試験も受けた。そこでは完全に一ファンとして好きな番組の話をして面接は終了し、当然内定は出なかった。

だが結局、その年は家庭の事情もあり修士論文を提出できずに留年し、翌年にもう一度就職活動を行うことになった。そこでも広告業界を中心に就職活動を行った私は、ある広告会社から内定を得た。その会社の人事担当者と話しているときに、「多くの人に『伝える』仕事がしたい」と私が面接で話したことについて、「君がやりたいことを聞いていると、マスメディアが向いている気がするんだけど、放送局とか受けなかったの?」と聞かれた。前年にTBSラジオを受けたものの、それ以降は放送業界の入社試験を受けることは全く考えていなかった。だが、自分があこがれている業界の人がこうして「向いている」と言ってくれるのなら、もう一度考えてみてもいいのかもと、素直に思えたのだ。

ちょうどその日、マスメディア企業の新規採用情報が集まるメールマガジンから、TBSラジオが夏採用を実施するというメールが届いた。あとでわかったのだが、当時はリーマン・ショック直前で一時的に就活市場が超売り手優位な状態で、春に行われた採用試験の内定者に辞退者が出たため、改めて行われる試験だった。その事情は知らなかったが、こうしてメルマガを受け取ったのは縁だと感じた私は、TBSラジオの採用試験を受けることにした。

二度目となる採用面接では番組の話はほとんどせず、ラジオというメディアはポテンシャルがあるのにいかに稼げていないかを憂い、メディアのプラットフォームを利用してイベントや新規事業を充実させるべきだなどと一丁前に熱弁をふるった。今でも覚えているのは面接官の「ラジオは斜陽メディアと言われているけど、未来はあると思う?」という質問だ。私は「音声メディアはなくならない。〝ながら聴取〟ができる分、テレビより将来性があると思います」と鼻息荒く返した。前年の試験では落ちていたTBSラジオだったが、広告会社の内定が出ていて余裕があったのか、それともファン目線ではなくビジネス目線で面接に臨んだのがよかったのか、内定を得ることができた。志望していた広告業界ではないが、自身のラジオ体験を思い出し、「ラジオ業界に呼ばれた!」と運命を感じた私は、広告会社の内定を辞退した。

TBSラジオへ

こうして、二〇〇九年春にTBSラジオに入社した。早速、新入社員研修に入ったのだが、これはラジオだけではなくTBSテレビの同期入社の社員たちと合同で行われる。私のラジオの同期はキャリア採用を入れて三人なのに対して、テレビの同期は新卒のみで三十人以上もいて、まさに多勢に無勢。一緒に話していても、同じ「TBS」グループなのにここまで違うかというぐらいノリが違う人が多かった。テレビの同期たちはバラエティー志望や営業志望のメンバーを中心に、とにかく明るい。自分のやりたい「でかいこと」に闘志をメラメラ燃やしている人、これまでの人生は常にメインストリームのど真ん中を歩いてきたんだろうなと感じる、自信に溢れた人が多かった。かたや、我等ラジオチームの三人は、どちらかというと教室の隅っこにいた側で、スクールカーストで言えば上位と下位がいきなり同じグループに入れられた感じがして、なんだかムズムズしていたのを覚えている。ただ、イケイケのテレビ社員たちの中にあって、やたら落ち着き払った面々がいた。彼ら彼女らは報道志望の人たちだった。話してみると、読んだ本や観たドキュメンタリーの作品が重なっていたりして、少しずつ仲良くなれた。このとき出会った同期たちとはその後取材現場で顔を合わせるようになり、日常的に情報交換をするようになった。

研修を終えると、TBSラジオ内での配属先が決まった。私は人事との面談で、番組作りをする制作志望だと伝えていた。入社試験では「ビジネスだ！」と豪語していたのだが、もともとは根っからのラジオ好きである。「ラジオ局に来たからにはやっぱり制作っしょ！」と、番組作りの現場に行きたかったのだ。同期のもうひとりと部屋に呼ばれ、上司から告げられた先は制作センター。希望通り、番組作りの現場に行けることになった。

上司に連れられて向かったのは、当時放送がスタートしたばかりの「小島慶子　キラ☆キラ」のスタッフルームだった。私が学生時代に聴いていた前番組の「ストリーム」はその年の春で放送を終了し、新たに始まったのが「キラ☆キラ」で、小島慶子さんがパーソナリティを務め、日替わりのパートナーとともに、リスナーから送られたメールを紹介していくという、いわばバラエティー番組だった。七年半ぶりの大型新番組ということで、人気番組を担当していたエース級の社員がディレクターとして集められていた。

ここで、ラジオ局の制作ジャンルの職種について触れたい。まず、プロデューサーはコンセプトや予算など大枠を決め、管理していく担当だ。そして、ディレクターは自ら企画を考え原稿を書き、出演者に演出を施し、番組をおもしろくしていく担当である。「キラ☆キラ」ではプロデューサーに「アクセス」を担当した村沢青子さんがつき、その下のディレクターには「夜な夜なニュースいぢり バツラジ」「サタデー大人天国!宮川賢のパカパカ行進曲!!」を担当した石垣富士男さん、「ライムスター宇多丸のウィークエンド・シャッフル」を担当していた橋本吉史さんらがいた。私は彼らディレクターの下につく、アシスタントディレクター(通称AD)となった。ラジオ番組のADは買い出しや資料集め、コピーといった放送前の準備のほか、放送中にはリスナーからのメールをプリントしたり、BGMのセッティングをしたりと、ありとあらゆる雑事を担当する。

「キラ☆キラ」は月曜日から金曜日の十三時から十五時三十分の番組だった。ADは九時過ぎに出社し、各新聞をピックアップするとスタッフルームに並べ、事前にリスナーから寄せられたテーマメールをプリントアウトしてこれも並べる。その後、コンビニへ行き出演者用の軽食を調達し、スタジオ内のイヤホンやペンなどのアイテムを整え、BGMを準備し、出演者やスタッフがスムーズにOA（オンエア）を迎えられるようにしておく。放送終了後も番組ホームページの更新や配信用のPodcastの編集作業などすることはたくさんあった。先輩ADの仕事をチラ見してはメモを取り、それを覚えるだけで大変だった。

「キラ☆キラ」はリスナーからのメールがキモだった。だから、週に一度開かれる次週のメールテーマ会議が非常に重要だ。プロデューサー、ディレクター、構成作家、そして私のようなADまで、番組にかかわるスタッフ全員が宿題のメールテーマ案を持ち寄り、プレゼン後に議論して曜日ごとのメールテーマを決めていく。

私はプレゼンが下手だった。何を話していいのかもわからず、会議では発言をほとんどしなかった。するとチーフディレクターだった石垣さんから、「会議で発言しないのはいないのと同じ」と注意された。それまで発言して場が変な空気になったり、笑われたりすることを怖がって意見を言うことを控えていた。

また、「キラ☆キラ」と同時に「ウィークエンド・シャッフル」にもADとして配属されたのだが、そこでも私は出演者やスタッフと積極的にかかわることをせず、アイデア出しも行わずにいた。積極的になれなかった理由を今考えると、「ずっと聴いていたラジオ局に入れたことで満足してしまい、それ以上のことをできなかった」に尽きる。その結果、こいつは向いていないと思われたのか、私はバラエティー番組の制作の現場からわずか一年でニュース部門に異動になった。夢だった制作の現場で通用しなかった悔しさが半分、このままいてもだめだっただろうなという諦めが半分といった気持ちでの異動だった。

社内で新聞を読む日々

ＴＢＳラジオにはラジオニュースという部署がある。番組の中で流れる定時ニュースの枠を担当し、夕方には全国の系列局向けに「ネットワークトゥデイ」というニュース番組を放送している。また、地震をはじめとする大きな自然災害が発生した際にはニュースの発信拠点になるほか、気象情報、交通情報なども担当する。つまりＴＢＳラジオのあらゆる「情報」にかかわっている部署だ。

異動する際、ラジオニュースの部長に「お前、ニュース好きなんだって？」と話しかけられた。記憶の糸をたどると配属前の人事面談の中で、「ＴＢＳラジオには名物記者がいます。そういう人たちの存在は他社にはない宝だと思うので、もっと打ち出したほうがいい」などと話をしていた。学生時代にリスナーとして聴いていて感じたのは、ラジオ記者のニュース解説やレポートはしっかり記憶に残るのだなということだった。単に事実を述べるだけではなく、文脈や背景を含めて掘り下げて話していたことがその理由なのだろう。それにつけ足す形で、面談では「機会があれば私もやってみたい」というようなことを言ったのを思い出した。本人は忘れていたのだが、この部長の記憶をきっかけに私のラジオニュースへの異動が決まったようだ。

当時ラジオニュースには、裁判や人権問題など社会ネタを担当する崎山敏也記者と、国会担当の武田一顯記者のふたりがいた。私はそこに三人目の記者として配属されたわけだが、崎山記者とは社内で顔を合わせていたものの武田記者とはほぼ面識はなかった。実は崎山記者は、「キラ☆キラ」のADをしていたときに「人権TODAY」という番組の取材担当として私を誘ってくれた。オファーにはじまり、質問の仕方、原稿の作り方など取材の基本ノウハウを教えてくれた。その結果、取材企画をひととおりこなせるようになってはいたのだが、いざ、記者としてラジオニュースに放り込まれてみると、何をしていいか全くわからない。記者がどんな仕事をするのか、誰も教えてくれない。毎日会社に行って、新聞を読んで帰るだけの日々が続いた。そんな私を見兼ねたのか、ニュースデスクの内山研二さんがニュース原稿の書き方を教えてくれた。ニュースデスクとは、TBSテレビのニュース原稿や通信社の配信原稿を使って、その日の定時ニュースの原稿をまとめ、それを番組内で読む担当のことだ。放送用の原稿は新聞原稿とは異なり、声に出して読むのを前提に書かれているので、たとえば発音しにくい「首相」ではなく、「総理」という言葉を使うなどの独特のルールがある。新聞記事をベースに、放送原稿に書き換える訓練を毎日何本も行い、放送原稿の書き方を身体にしみこませていった。内山さんに仕込まれたこの原稿の書き方は、のちにテレビの政治部に出向した際にも大いに役立った。

とはいえ、いつも新聞を読んでいる私に対して社内でも「あいつは社内にいつもいるけど、毎日何をやっているんだ?」という話が出ていたようだった。そこで声をかけてくれたのが、当時夕方に放送していた「荒川強啓デイ・キャッチ!」のプロデューサーの飯島一彰さんだった。「澤田、毎日暇そうだから、なんかあったら街に出て取材して番組でレポートしてよ」と言ってくれたのだ。

初めてのレポートは「猛暑で大変」というニュースを新橋駅から中継することだった。現場に行く前に「見えたものだけじゃなくて、音や匂いも話してね」とパーソナリティの荒川強啓さんがこと細かに中継の極意をレクチャーしてくれた。新聞などと同じく、取材で聞いた話をまとめてから報告するものかと思っていたが、ラジオのレポートはそうでなく五感を使い、景色や周辺に流れる空気も含めてリアルタイムで伝えるものだと教わった。人生初のレポートのために行った新橋駅前SL広場は本当に暑かった。たまたま広場で古本市をやっていて、その様子を含めてレポートした記憶がある。会社に帰ると、多くの先輩社員が番組を聴いていてくれて、「レポートしてたね」と声をかけてくれ、「見える景色を詳しく描写しないとリスナーに伝わらないよ」とアドバイスもしてくれた。その後も週に一度のペースで番組内でレポートをし、アニメーション監督の宮崎駿さんの引退会見や、暴行を受けた歌舞伎役者・市川海老蔵さんの記者会見などを取材し、報告した。こうして、新聞を読むばかりだった私も「記者」として少しずつ仕事をするようになっていった。荒川さんに基礎を教わり、先輩方のものを聴く中で、ラジオのレポートには型があるとわかってきた。もちろん、災害現場と国会からのレポートではだいぶ勝手が異なるが、基本となる型は同じだ。

ラジオのレポートは、スタジオにいるパーソナリティとのやり取りがベースになる。一方的に話すのではなく、やり取りを通してリスナーに情報を伝えることがミッションである。音声のみなので、起承転結をかなり意識していた。「起」は今どこにいるかと、そこから何が見えるかといった視覚情報を伝える。「承」ではそこで何が起こっているのか、つまり経緯や状況を説明する。「転」からはあらかじめ取材した内容も盛り込みながら話を展開させていき、「結」で現時点での分析や今後の見通しを伝える流れだ。もちろん、パーソナリティの興味関心により話が思わぬ方向に向かうこともある。時には、当初考えていたよりずっと深い「結」が導かれることもある。

視覚情報にとらわれない分、ラジオではたとえ同じ現場を取材したとしても、何を取り上げるかは取材者によってかなり異なる。それゆえ、記者やディレクター各人の個性が出やすい。何をリスナーに伝えるべきか、それを現場で瞬時に汲み取れるかは記者の裁量にゆだねられている。そのプレッシャーを数をこなすうちに実感するようになったが、同時に記者の着眼点や掘り下げ方を含めてリスナーに「聴かれる」のがラジオだということも身をもって知った。

記者になって八ヵ月たち、仕事が増え始めてきた頃、大きな出来事が起こった。二〇一一年二月二十二日、ニュージーランドでマグニチュード六・三の地震が発生したのだ。南島の都市クライストチャーチでは大聖堂が崩壊するなど大きな被害が出たほか、百八十五人の方が亡くなった。市内の六階建てのビルが倒壊し、その中に入っていた語学学校で学んでいた日本人留学生が多数巻き込まれ命を落とした。私はこの地震の現地取材に派遣されることになった。

関東ローカルのラジオ局の社員がなぜ海外派遣？　と思う方もいると思うが、TBSラジオは、放送エリア外でも国内外で大きな災害があると記者を派遣していた。いずれ起きるとされている首都直下型地震が起こったときにどのような報道が必要になり、現場でどういった情報が足らなくなるのか、実際に行かせて学ばせようという方針からである。ラジオ局で働く人間には「ラジオは災害時に最も頼りにされるメディアであるべきだ」という意識がある。過去にも一九九五年の阪神・淡路大震災や、二〇〇八年の四川大地震にも記者を派遣していた。

地震の一報が入ると、上司から「澤田、ニュージーランドに行く準備をしろ」と言われた。一瞬考えたあと大事なことに気づく。「すみません、パスポートの期限が切れていますﾞ」。「バカヤロー！」と私は怒鳴られ、当時「デイ・キャッチ！」を担当していたディレクターが私の代わりに現地に赴くことになった。正直、記者なのにもかかわらず自分が海外に急に派遣される可能性を全く意識していなかった。現地から伝えられるものはたくさんあったはずで、本来なら私が行くはずの取材に凡ミスで行けなかったことをすごく後悔した。「次に何かあったら絶対に現地に俺が行く」と思っていたら、その機会は一ヵ月もたたずにやってきた。二〇一一年三月十一日、東日本大震災だ。そのときのことは後述するが、大災害という究極の非日常の現場取材は、私の記者人生を決定づけるものとなった。

ただ、サラリーマン人生はそううまくはいかない。東日本大震災から三ヵ月たった頃、突如、人事異動の内示が出た。異動先は早朝に放送しているニュース番組「森本毅郎　スタンバイ！」だった。記者になって一年、ようやく自分ができることがわかってきたところだった。記者を続けさせてほしいと主張したのだが、当時の上司からは「お前のやっていることは記者といってもレポーターに近い」「毅郎さんのところは勉強になるので、とりあえず二年やってこい」と言われて送り出されたのだった。

森本毅郎さんに学んだ、ニュースを複眼で見る力

「森本毅郎　スタンバイ！」は一九九〇年から平日毎朝六時三十分から八時三十分まで放送している長寿ニュース番組で、私はその番組ディレクターになった。曜日ごとに担当ディレクターがつき、私は金曜日を受け持つことになった。ディレクターは担当曜日の前日夕方に出社し、曜日ごとに異なるコメンテーターらと電話で打ち合わせをしながら、翌日のメインのニュース三本、短めのニュース五本、コメンテーターのコラム、八時台の頭に放送している「日本全国8時です」というコラムコーナーの原稿をOAに向けて泊まりがけで準備していく。パーソナリティの森本毅郎さんがスタジオに現れるのは本番一時間半前で、そこまでに「ニュース・ズームアップ」の原稿を三本そろえておかねばならない。そこで毅郎さんに原稿を見てもらうのが、ディレクターにとって一番緊張する時間だった。

毅郎さんは、時に無言で、時にディレクターやプロデューサーに質問をしながら原稿に

目を落としていく。ディレクター本人に質問するのは思ったより良かったか、逆に何かが足りないとき。原稿を書いていないプロデューサーに矛先が向かうのは全然ダメなとき。判断が難しいのは無言のときで、及第点の場合もある。ある日など、三本の原稿のすべてでニュース選びからやり直しになった。本当に生きた心地がしなかった。

毅郎さんによく言われたのは「新聞に引っ張られるな」だ。番組には「朝刊読み比べ」というコーナーがあり、私に限らず担当ディレクターのニュース選びは当然新聞の見出しに影響される。毅郎さんの言葉を私なりに解釈すると、「新聞に書かれたのは前日夜までのニュースや分析で、翌朝には速報性が薄れる」、「だから、既報であれば海外での報じ方を加えたり、別の新たなニュースも入れ込んだりしながら朝に聴くニュース番組にふさわしい中身にしろ」ということなのだと思う。ファクトをただ並べるだけではダメで、その前後を掘り下げ、批評性を持たせたものでなくてはいけない。また、同じニュースでも、送り手、受け手の立場によって見え方は異なる。そのことを理解し、ひとつのニュースの一面のみを伝えるのではなく、複眼で眺めてみて、その本質をつかめと言われていたのだ。……と、今となってはわかるが、入社三年目の私にはなかなか厳しかった。

毎週毎週、毅郎さんにニュースを介して真正面から真剣勝負を挑むような日々だった。新聞を読むだけでは足りないと思って、英語がわからないのにBBCやCNNを契約し、海外のニュースサイトを翻訳ソフトを使って読み、独自の視点で報じていると感じた雑誌を多く読むなど、自分なりにインプットを増やしていった。その甲斐もあってか、しばらくすると「海外ではこう報じているから、これをつけ足しましょうか」など、毅郎さんに提案してフィードバックをもらい、原稿をブラッシュアップすることができるようになっていった。毅郎さんからすれば「それぐらいでニュースをわかった気になるなよ」とたしなめられそうだが、「ニュースを斜めから見る力」を養わせてもらった。

「打ち合わせと中身が全然違うじゃねーか」と言いながらも臨機応変に対応してくれた金曜日のコメンテーターでエコノミストの伊藤洋一さんと、テーマが差し替えになり、原稿が手元に届くのが放送直前だったにもかかわらず、そこに残る日本語のミスまで修正して読んでくださったアナウンサーの遠藤泰子さんには本当に頭が上がらない。

また、「日本全国8時です」を担当していた評論家の小沢遼子さんからも多くのことを学んだ。特に気づかされたのは、ジェンダー意識の重要さだ。ある日、小沢さんと打ち合わせの電話をしているときに家族の話になり、私が「うちのヨメが……」と口にした。すると、小沢さんから「あんた、ヨメって何よ！」と指摘を受けた。「嫁」という言葉の持つ意味について小沢さんから説明されたあと、数十分間にわたり、配偶者の呼称について話し合った。私は関西出身芸人のテレビでのトークに影響されて「ヨメ」という呼称を用いていたのだが、この日を境に妻に対してこの言葉を使うのをやめた。日常的に使われている言葉が歴史的にどう用いられてきたのか、そしてそこに埋め込まれた女性に対する差別意識に、いかに無自覚だったか気づかされた。その後私が担当する番組では、配偶者やパートナーを指す単語をどう使用するかは逐一議論し、よりよい形を模索するようになった。また、TBSラジオ全体でもそれを習慣化し、表現を検討するなど、少しずつではあるが社内の意識はアップデートされてきている。

「人脈を作ってこい！」……突然のテレビ出向

「森本毅郎　スタンバイ！」に配属されて丸二年がたった二〇一三年の夏、当時の社長から突然呼び出された私は、TBSテレビへ出向せよという内示を受けた。

この人事の背景には、TBSラジオを取り巻く状況がある。TBSは一九五一年にラジオ局「ラジオ東京」として始まった。一九五五年にはテレビ放送を開始し、東京のキー局で唯一、ラジオとテレビの兼営局となった。採用は一括で行われ、入社後にテレビやラジオに配属される流れだったが、二〇〇〇年にラジオとテレビが分社化されると採用も別々に行われるようになった。年を追うごとに、一括採用時代の社員は減っていき、二〇一三年当時はほぼ管理職にしかいなくなっていた。また、テレビに比べ人数が少ないラジオでは、報道専業の社員を確保することがなかなかできなくなっていた。そのため、取材方法をはじめとするニュース報道のノウハウをどう継承していくかが、社の課題になっていた。またTBSテレビの報道局との関係の希薄さも指摘されていた。

そこで当時の社長や上司たちは、ラジオニュース所属の若手社員をTBSテレビの報道局に出向させて報道のノウハウを学ばせ、テレビの社員たちと人間関係を築かせようとした。二〇一二年にはニュース番組「ニュース探究ラジオ　Ｄｉｇ」のプロデューサーだった鳥山穣さんがＴＢＳテレビに出向した。政治部で記者を務めたのち、「サタデーずばッと」でディレクターについていた鳥山さんの出向期間の終了が迫る中、ふたり目の出向者として白羽の矢が立ったのが私だった。

ただしひとつ気がかりがあった。当時は妻が第一子を妊娠したタイミングで、私は妻の出産後に一ヵ月間の育休取得を希望していた。ラジオの上司にはすでに伝えていたが、テレビ出向後にきちんと取得できるか不安だった。社長曰くそれは先方も了承しているとのことだった。そうなれば、行かない理由もなくなる。社長からは「人脈を作ってこい！」と送り出された。

こうして二〇一三年十月一日、私はＴＢＳテレビの政治部に配属となった。ラジオ局に入ってまさかテレビ局で仕事をすることになるとは思わなかったが、人生はわからない。異動前に上司に連れられ、ＴＢＳ放送センターの二階にある報道局に行き、政治部長と報道局長にあいさつをした。その際に私は野党クラブの記者になることを伝えられた。

ここで、当時のＴＢＳテレビの政治部の体制について触れておきたい。

部長以下、総勢二十人ほどで構成され、外勤と内勤に大きく分けられる。

外勤は、首相官邸や内閣府の一部を担当する官邸クラブ、外務省や防衛相を担当する霞クラブ、与党を担当する平河クラブ、野党を担当する野党クラブと取材する先ごとにチームに分けられ、それぞれにまとめ役のキャップがひとりと取材を行う記者が数人いる。

それに対し、内勤は三人いるデスクが昼夜二交代でトップを務め、その下にはサブデスクと若手社員がそれぞれひとり、制作会社のスタッフ二、三人からなる。彼らは外で現場取材をしている外勤とやり取りし、デスクがニュース原稿を作成し、デスク以下のスタッフが字幕スーパーを発注し、編集に立ち会いVTRを作り、OAに繋げていく。

異動前に、先輩出向者の鳥山さんに話を聞いた際には、「はじめ一ヵ月は内勤でVTRの作り方や原稿の構成といった政治ニュースの出稿の仕方を学び、その後は官邸クラブ、平河クラブ、野党クラブを順繰りに担当した」と言っていたので、私もてっきり内勤からスタートのつもりだったのだが、いきなりの外勤となった。

当時は第二次安倍内閣が発足してまもなく一年のタイミングで、野党は下野した民主党に加え、みんなの党や結党直後の日本維新の会といういわゆる第三極勢力、民主党を離れた小沢一郎氏の「国民の生活が第一」が日本未来の党に合流、その後分裂改称した生活の党、日本共産党、社民党という複数の党が乱立する時代だった。

他社はNHKや共同通信、読売新聞、朝日新聞あたりは層が厚く、キャップを含め一チーム七、八人、毎日新聞や時事通信は四、五人、日本経済新聞、産経新聞やTBSを含む各民放テレビは大体三人体制で、野党取材を行っていた。私のチームはキャップ含め三人で、一番下の「三番機」と呼ばれるポジションにつくことになった。

最大野党の民主党は「代表番」「幹事長番」「国対委員長番」「政調会長番」「参議院」な

どチーム三人で担当を分担し、それ以外の党についてはひとり一党ずつ受け持つことになった。各メディアの政治部では、ある特定のポストや派閥ごとに「○○番」と称する担当記者をつけ取材を行う番記者制度をとっている場合が多い。私は民主党の「幹事長番」「政調会長番」「参議院」と、日本共産党、社民党を担当することになった。

まずしたのは、広報担当の職員へのあいさつ回りだ。名刺を交換して社名と名前を覚えてもらう。その次は幹事長や政調会長といった役付きの議員にあいさつをしていく。しかし、国会議員は記者だけでなくとにかく日々多くの人と名刺交換している。そのため相手に自分を認識してもらうまでがひと苦労だった。多くの記者に囲まれる幹部クラスの議員に認識されるには、数ヵ月を要した。

「オン日程」と「オフ取材」

政治部記者の仕事は、官僚や議員が開く会見などを取材するルーティンのものと、記者会館周辺を回り、議員やその秘書から情報を集めるもののふたつに分かれる。私はそれを「オン日程」と「オフ取材」と呼んでいた。

たとえば、自民党担当の記者ならば、月曜日は役員会とそのあとに幹事長会見、火曜日には役員連絡会後にやはり幹事長会見があるといったふうに、国会会期中には曜日ごとにルーティンの会議や会見が行われているので、それは無条件で取材する。民主党は、一週間に、代表、幹事長、国会対策委員長、政務調査会長に加え、参議院の議員会長、幹事長、国対委員長と七つの役職の会見が行われていた。民主党に社民党や共産党を加えると、週に取材する会見の数は十に上った。

政治記者はこうした定例の会見で質問をし、やり取りを文字起こししたものをメモ化して、報道局内のメーリングリストに送る。そうして送られてきたメモをもとに、デスクや番組制作スタッフが原稿にすることもあるからだ。このメモ起こしは骨が折れた。会見中もパソコンを打ちながらメモを取っているのだが、私はタイピングが遅く、「とりてき」と呼ばれるメモ作りの作業にとても時間がかかった。今でこそ、音声をその場で文字起こししてくれる便利なスマホアプリがあり、その手間は省けているが、私が記者をしていた頃はICレコーダーに録音した会見音声を何度も聞き直していた。

このメモ作りが終わると、会見内容をベースに自らニュース原稿を書く場合もある。会見前後には担当する党役員の取材もしていたりするから、「オン日程」取材をこなすだけでいつも一日があっという間に終わってしまっていた。

野党第一党だった当時の民主党は、前年まで政権を担当していたこともあり、取材している記者の数も多く、議員や職員の側も「自分は政権を担った。いずれまた政権交代してやる」という思いを持った人が多かった。また、他社には民主党政権時代から担当している記者も多く、新たに担当になった記者が取材対象者を囲む輪の中に入りづらい状況だった。ただ、たった三人しかいないチームの記者だから、ひとり途方に暮れているわけにもいかない。そこで私は他社の記者と仲良くなることから始めた。特に同じ「幹事長番」だったテレビ朝日のO記者と読売新聞のK記者、「参院担当」だったNHKのM記者、毎日新聞のK記者とは会見の前後など時間をともにすることが多く、いろいろな話ができた。

政治部取材では「オフ取材」もまた重要だ。政治ニュースで「○○党中堅議員」「△△党幹部」などとぼかした形で、コメントを使っているのを見たことがある方も多いだろう。あれは、カメラの前では話せないコメントを記者が取材者から引き出し、ニュースを組み立てているのだ。そのため何かあったときにいつでもオフコメントをとれる関係性を政治家と築くことが重要になる。

それがわかってから、空き時間を見つけては議員会館へ赴き、手始めに担当している党の中で、出身地や大学など自分と何らかの共通点のある議員を訪ねた。当時ついていた先輩たちは「オン日程」以外の取材の仕方は教えてくれなかったから、見よう見まねの「オフ取材」だった。しかし、いきなり訪ねて行っても議員はおらず秘書と名刺交換するのが関の山で、運良く議員と会うことができても、こっちは何を聞いたらいいかわからないというありさまだった。

議員と関係性を構築する方法はいくつかパターンがある。議員会館回りで仲良くなる者、飲み会をセッティングして懇談取材で仲良くなる者、役職者に対し朝から晩まで張りつく者など様々だ。私は飲み会での懇談取材も何度か行ったが、酒があまり強くないため懇談中によく寝てしまい、議員にもあきれられ、最終的にほとんど行わなくなった。私がこれならば議員と話す時間を作れると手ごたえを感じたのは、赤坂にある議員宿舎で飲み会終わりの議員を待つ夜回り取材だった。官房長官番を筆頭に、政府や与党の議員に対しては赤坂宿舎で夜回りをする記者が多かったのだが、野党議員に対しては夜回りする記者が少なく、話せる機会を多く作ることができたのだ。

ただ、いくら議員と話せる機会を作れたとしても、それだけではダメなのだ。駆け出しのラジオ記者だった頃は、災害や記者会見など「出来事」があって、それを取材し、まとめたものを自らレポートすることが主な仕事だった。しかし、政治記者はまだ表に出ていない事象を他社より早く報じるスクープが求められるため、原稿に盛り込める議員のオフレコ発言をいかに引き出せるかが勝負になる。そのためイエス、ノーを求めずあえて緩く聞くようにするテクニックなどを親しくなった記者たちから学んだ。しかし何より、「自分だけに」話してくれる関係性を築かなければいけない——私の武器は何かと考えた。

そこで気づいたのが「国対情報の強さ」だ。皆さんは国会関連のニュースで、「与野党の国会対策委員長が会談しました」などのフレーズを聞いたことはないだろうか。「国会対策委員会（通称国対）」は、各党の中に置かれる一部門で、法案審議やその日程、各委員会への議員の差配など国会運営についてのありとあらゆることを決めている。

「国会は議論と調整の場だ」という考えのもと、「国対族」と呼ばれる議員たちが与野党問わず陰に陽に協議を行い、円滑に審議が行われるよう調整したり、あるいは審議や採決を強行したり、逆に審議をストップさせたりしているのだ。彼らは「自分たちが国会を動かしている」という強い職人意識を持っている。私は参議院の野党の国対委員長の取材をしていたが、その中で国対の果たす役割のおもしろみに気づいた。

与党に歩みよるように見せつつ、法案の問題点を指摘するために審議日数を一日でも多く確保する。法律の執行における留意事項として付帯決議をつける。様々に駆け引きをしているのだ。余談だが、与野党問わず総裁選や代表選の際には、「国対を知っているかどうか」が候補者の優劣を決める引き合いに出される。政策通の議員の場合、「政調系」だとされ、国会の現実を知らないとバカにされることさえある。

私は取材を通して、国対族の審議日程のスケジューリング術をかなり理解できるようになった。法案の審議時間を委員会ごとに定められた審議を行う日（定例日）に当てはめて計算し、採決する日の見当をつけてみる。審議をストップさせるために野党がとるであろう抵抗手段について考えてみる――といったように。国対では法案ごとにそれらの日程をカレンダーに記していて、円滑に法案を通せるように調整している。基本的に記者たちはこの日程を知らないが、国対に詳しくなるとこのカレンダーを自分なりに作れるようになるのだ。この「カレンダーを読む」能力を持つ記者は意外と少なく、「国対番」の記者でさえ、この能力は身につかないことが多い。国対族議員たちの職人意識が記者たちから理解される機会はあまりないため、「カレンダーを読む」能力がある記者は「わかってるな」とかわいがられるのだ。私もこの能力を身につけたことで、ほかの記者より一歩踏み込んだ話が国対族の議員とできるようになった。また、たとえ議員でも国対族でないとその知識を持ち合わせていない場合が多く、法案審議の進み方などの国対情報や国対的な読みを伝えると、とても重宝され、継続的にコンタクトをとることができるようにもなった。

「代表おろし」で出し抜かれ、そして出し抜き返す

政治部記者として重要なのが、議員の「夜日程」をつかむことだった。ご存知の通り永田町は未だ男社会で、多くのことが昼の会議ではなく、夜の会合の場で決まる。その範囲は人事、政策、採決の時期など多岐にわたり、永田町では夜の会合で何が話し合われたかが重要な意味を持つ。

特にテレビの政治記者にとって、政治家たちが会食の行われる店へ出入りする映像は大きな意味を持つ。それを撮れたか撮れなかったかで天と地ほどの差が出る。そのため記者たちはアンテナを張り続け、「○○議員と△△議員が密会するらしい」といった夜会合の時間や場所の情報をつかむのに腐心(ふしん)していた。

私が野党担当になりたての頃、参議院議員会長選をめぐり、民主党の参議院議員たちが真っぷたつになったことがあった。そのときに、反主流派の会合があるらしいと情報をつかんだのだが、私は「参院担当」だったにもかかわらず、場所を割ることが全くできなかった。結果的に先輩記者が別筋から聞き出してくれて、TBSだけがその様子を撮影できなかったという惨事にはならなかった。テレビの報道局にとって、自社だけが撮れていな

いのは最悪の事態なのだ。各社の朝刊を読むときや各局が放送する朝のニュース番組の前にはいつもビクビクしていた。

二〇一四年当時の民主党の代表は海江田万里衆院議員だった。ただ、政権交代前の党内のゴタゴタの余波もあり、民主党は支持率の低迷にあえいでいた。党内では海江田代表を交代させようと、いわゆる「海江田おろし」の動きが出かけていた。私は取材していた東北選出のある議員から、近く東北地区の議員たちの夜会合があるとの情報をつかみ、政治部内で共有した。するとデスクから、場所と日時をつかむよう指示された。ただ、話を聞いた議員本人とは連絡がつかず、会合に出席予定の別の議員の秘書からは、当日の夜に行われることまでは聞き出せたのだが、店の名前は「勘弁して」と教えてもらえなかった。仕方なく、赤坂宿舎で夜回り取材をしていると、件の東北選出の国会議員たちが共同通信の記者たちと一緒に帰ってきた。場所を知っていた共同通信はすぐに会合の事実とその中身について配信し、それを見たほかのメディアの記者たちは慌てて宿舎にやってきたがあとの祭りだった。店の名前さえわかっていれば、テレビメディアとしては唯一報道できていた。それがあと一歩のところですり抜けていった出来事だった。

この日を境に、「海江田おろし」が加速し、若手議員を中心に相次ぎ会合が行われ、海江田代表が辞任へと追いつめられていく中、私は国会図書館で有志の若手議員が、海江田代表と面会するという情報をつかんだ。記者に見つかりにくい、秘密の会合をする際によく使われる場所だ。これについてはテレビで情報をつかんでいたのはNHKとTBS、フジテレビの三社。国会図書館には複数の出入り口があり、多くの場合道路に面した正面玄関に車をつけて出入りする。そのため、カメラマンには正面側で構えてもらい、私は民主党本部側にある別の出入口から車で入るのを警戒して手持ちのビデオカメラを構えることにした。国会周辺は記者がうろうろしているので、情報をつかんでいない社に気づかれないようにと、街路樹の陰に姿を隠しながらの撮影だった。

しばらく待つと、民主党本部からSPと長身の男性が歩いて出てきた。海江田氏だ。海江田氏は茂みに隠れてカメラを構えていた私の前を通過し、徒歩で国会図書館に入ったのだ。なんと車ではなかった。こうして私は、その日のテレビ番組では唯一建物に入る映像つきでこのニュースを報じることができた。このときだけは私も褒められた。

テレビの政治部に在籍していた当時は、映像ありきのスクープ合戦にどっぷりはまっていた。そういう世界があることを知れたのは経験として良かったと思う反面、会合の場所や日時を割り出すのに必死になって駆けずり回り、他社に先んじて報じることに躍起になっていたものの、果たしてその必要性はどのくらいあったのだろうかと疑問を抱くものが少なくなかった。

男性記者、育休をとる

私はテレビの政治部に異動する際の条件として、妻の第一子の出産に合わせ育休をとることを挙げていた。TBSテレビの政治部では男性が育休をとるのは私が初めてだった。しかも、出向で来ているラジオ社員がだ。「お前は何しに来たの」と思われたのは想像に難くない。ただ、男性記者の育休取得がまだ珍しかったからか、育休を取得する話はあっという間に社内に広まった。すると、現場の記者、特に女性記者からは自社、他社問わず応援の言葉をたくさんいただいた。

長女は二〇一四年の一月上旬に生まれ、そこから一ヵ月間の育休に入った。国会が閉じている時期だったので、結果的にちょうど良いタイミングとなった。実家を出てからひとり暮らしも長かったし、ひと通りの家事はできるつもりでいたが、大間違いだった。

自分の料理レパートリーは単品メニューばかりで、副菜というものを作ったことがなかった。結局食事のたびにいちいち妻に手順を確認しなければならなかった。また掃除洗濯など家事の仕方も妻のそれとは異なり、それらもいちいち確認しては、妻をいら立たせてしまっていた。さらに、新生児をお風呂に入れるのも、妻からすれば横から見ていて不安が募るばかりだったそうだ。その結果、妻の負担は減るどころか増すこととなり、育児ノイローゼというか、産後うつに近い状態にまで至ってしまった。

のちに妻は、「頑張ってくれているのはわかっていたから、逆に育児に対する不安は言えず、自分が何とかしなければいけないと気持ちが募って追いつめられていった」と語っていた。

二〇一八年に公表された国立成育医療研究センターの調査によると、二〇一五―二〇一六年にかけて死亡した妊産婦三百五十七人のうち死因で最も多かったのは自死だったという（百二人）。特に九十二人が出産後の自死で、三十五歳以上や初産の女性の割合が高い。産後うつによる自死についての報道で「なぜ気づけなかったのか」と語る家族のインタビューを見たりするが、自分でやってみて妻の苦しさがこれほどわからないものかと愕然とした。我が家には三人の娘がいるが、長女のときの反省をふまえ、第二子以降は夫婦間で多めに会話を交わすようにし、妻が追い込まれることはなくなったと思う。だがそれも、いつか妻に本当のところを聞いてみないといけないだろう。

日本における男性の育休取得率はたった一二・六五パーセント（二〇二〇年度）という現実だ。実際、私は育休をとるたびに様々な人から「えらいね」と言われた。それほどに珍しいのだ。二〇一八年度の厚労省調査では、男性が取得した育休の日数は七割が二週間未満だ。育休取得の意向確認の義務化や、大企業の育休取得率公表などを盛り込んだ改正育児・介護休業法が二〇二一年の国会で成立したが、ただ取得すればよいのではなく、夫婦で協力して育児ができるよう、育休時に何をするべきなのかパートナーと話し合っておく必要があると思う。三度の育休取得と、現在も絶賛子育て中の者からすると、育休とは、終了後にどう協力していけるのか、今までの家事分担などを再構築する期間なのだ。「えらいね」と言われるのは、私が男性だからだろう。私はその後も第二子、第三子が生まれるたびに育休を取得した。TBSラジオの男性社員として初めて育休を取得してから七年がたった今では、多くの社員が育休を取得するようになった。

「サンデーモーニング」でテレビ番組の作り方を学ぶ

育休を挟みながらも、何とか政治記者として独り立ちしかけた二〇一四年の夏、政治部長と人事面談の機会があった。私は野党だけでなく、権力の中枢である政府や与党の記者も経験したいと申し出た。政治部長は「希望として受け止めておく」と言うのみだった。それには理由があった。私の前にラジオからテレビに出向した鳥山さんはトータル一年半の出向期間に、政治部に一年、番組に半年という順で異動していた。つまり、上層部の中では私も同様に「政治部一年、番組半年」とはじめから決まっていたらしい。異動から一年たった二〇一四年十月、私は政治部を離れ、「サンデーモーニング」に異動することになった。

「サンデーモーニング」は毎週日曜日の朝八時から放送している報道番組で、放送開始は一九八七年とTBS内でも長寿番組の部類に入る。司会は関口宏さんで、一週間のニュース総括のほか、「喝」「あっぱれ」でおなじみのスポーツコーナー「週刊御意見番」、世の中の流れについて取り上げる「風をよむ」などのコーナーがある。

私はニュースを担当するディレクターとして配属された。ニュース担当のディレクターは八時台の番組前半にその週あった三本の大きめのニュースを取り上げる「カバーストーリー」(通称カバー)、ひとつのニュースを取り上げ手製の工作でプレゼンをする「手作りコーナー」、各地の名所や季節のものを紹介する「中継コーナー」を担当する(「風をよむ」には別の専任ディレクターがいる)。

「サンデーモーニング」の一週間は、水曜日の昼に行われる会議から始まる。会議では先週の放送を振り返ったあと、その週の担当が振り分けられる。「カバー」の担当になればその週に大きく展開できそうなニュースを探し、他番組ではどう報じられたかなど周辺情報を集める。「手作りコーナー」の担当になれば、工作で展開したらおもしろそうなニュースを探す。「中継コーナー」の担当は、少し動き方が異なり、前週に決まった中継予定地の下見を週半ばまでに行う。

金曜・土曜日の昼過ぎには、関口さんがスタッフルームに来て各ディレクターとどういうテーマで放送するかを打ち合わせる機会がある。ディレクターたちはA4用紙一枚程度の資料を作ってプレゼンしていくのだが、ニュースとしてのおもしろさをうまくプレゼンできないと、関口さんやプロデューサー、チーフ作家から質問攻撃にあうことになる。さらに、報道番組なので水曜日から金曜日に準備していても、土曜日に新しいニュースが入れば項目が一気に差し替えられることもよくあった。関口さんは、打ち合わせ時点ではわからないことが多いネタでも「このニュースにしたほうがいいよ」とテーマをスパッと変える。放送後に視聴率を見ると、そのニュースを扱ったところが高かったことが何度もあり、関口さんのニュースの流れを読み切る凄みを感じた。

大人になって実感した得手不得手

「サンデーモーニング」の名物が「手作りコーナー」だ。その週のニュースからひとつを取り上げ、サブキャスターがアナログ感溢れる手作りの模型で深掘りしていく。通常こうしたフリップは専門の美術スタッフが作るのだが、この番組では自分たちで作り上げるのだ。

ディレクターの私が、はじめに大オチだけ考える。「手作りコーナー」は十年以上の歴史で培われたノウハウがあり、いくつかの仕掛けパターンが確立されているので、それを組み合わせて大オチにいかに繋げていくのかが、腕の見せどころとなる。オチが決まると、ざっくりとした絵コンテを描いて、チームに共有し、分業制でフリップを作っていく。私は、模型の展開に合わせて原稿を作っていくのだが、ふたつを合わせるのに苦労した。ラジオもテレビも「起承転結」をつけてコーナーを進めていくことに変わりないのだが、政治部のときに感じた以上に、テレビの場合はまず画ありきなのだと痛感した。

実を言うと私はこの「手作りコーナー」が苦手だった。理由は簡単。手先が不器用で工作が不得手なのだ。技術家庭の授業では、手先が器用な友達にかわりに工作をさせていたことがばれて五段階評価で二をとったほどの不器用さだ。サブキャスターを務めていたTBSの水野真裕美アナウンサーには「サワディー（私のあだ名）、工作が下手すぎて仕事を任せられないよ」と小言を言われた。ある日、「北海道新幹線開業」のニュースを取り上げた際に、プロトタイプとして青函トンネル内ですれ違う新幹線を私と水野アナで作ったのだが、私が作ったほうだけ関口さんに「この新幹線ひどいな。やり直し」と言われ、落ち込んだものだ。ちなみにOAを終えると、仕掛けは数週間保管されたあとは、壊されて次の仕掛けのプロトタイプ作りの材料に再利用される。

「サンデーモーニング」時代でもうひとつ忘れられないのが「中継コーナー」だ。読者の方は「えっ？『サンデーモーニング』に中継コーナーなんてあった？」と思われるかもしれない。あるのだ（二〇二一年十月現在は新型コロナのため休止中）。「サンデーモーニング」の中継コーナーはひと味違う。他番組では取り上げない事物や風景、「へぇ」という豆知識があるものをレポートするのだ。逆に言えばきれいな花などを提案しようものなら即却下なのだ。

私が担当したもので言えば、「カラスミ作り」「アーモンドの花が満開」、「県境を確定させる綱引き」、「生物農薬テントウムシ」と多種多様だ。それぞれに「へぇ」ポイントがあるのだが、「カラスミ作り」で言えば、ボラの卵巣を干している映像を撮影しながら、サイドから「中国で使われていた墨に似ていたため『唐墨』からカラスミになった」とフリップを入れ、豆知識を足していく。大学時代クイズ研究会に所属していたことがかなり役立った。

このコーナーを担当していて一番大変だったのは、中継先を決めることだった。関口さんには普通の中継先は全く刺さらない。担当ディレクターは、ちょっと変わったもの探しに頭を悩ませることになる。そこで我々ディレクター陣は季節の風物詩をまとめた本や記念日の情報などを共有し、連携して関口宏という高い壁に挑んでいた。私は、地方紙のネット版を毎日見て回り、画になりそうで、かつ「へぇ」がある中継先候補をストックしていた。

そうして何とかひねり出した中継先をたいてい毎回ふたつプレゼンしていた。どちらかに決めたいから、関口さんやプロデューサーに「AよりはBがよいと思うのですが……」と一方を推す形でお伺いを立てるが、それだとプレゼンされる側は後ろ向きに感じるなとあるとき思った。そこで私は「数打ちゃ当たる玉石混交作戦」に出た。候補をそれまでの倍以上、四つから六つ程度用意する。無難な季節の植物に始まり、サンショウウオの卵といった見た目がちょっとグロテスクなもの、閉館する地方の映画館など候補を幅広く用意し、それぞれにキャッチコピーをつけてプレゼンした。すると、自信のあるものとないものので自然とうまい具合に緩急がつき、プレゼンされるほうも聞きやすかったようで、それまでは金曜日に決まらず土曜日にようやく決まっていた中継先が、一回のプレゼンでスパッと決まった。

コツがわかると、明らかにかませ犬的な中継先を盛り込んでおいて、相対的にイチオシの中継先を際立たせれば良いというずるい作戦に至った。結果、関口さんにはプレゼン直後にいきなり、「で、イチオシはどれなんだ？」と聞かれるようになった。百戦錬磨の関口さんに私の魂胆は見透かされていたのだ。ただ、コピーをつけながら、流れを意識してプレゼンするこの方法は、ラジオに戻った際の番組出演で大いに生かされることになる。

番組作りにかかわる中で改めて感じたのは、視聴者にわかりやすく伝えるためには構成力が必要だということだ。展開に山を作り、しっかり伝えたいところと、そうでないところで緩急をつけ、無駄な言葉をそぎ落とす。ラジオのレポートでも同様の作業が必要だと学んでいたのだが、あっという間にチャンネルを変えられてしまうテレビでは、よりシビアにそれが問われる。

こんなふうに、なんだかんだで私は楽しく「サンデーモーニング」のディレクターとしての日々を送っていた。なぜかラジオから復帰命令が出ず、結果として一年半にわたって番組に携わることになった。その間、長崎の原爆の日の特別企画を担当し、東日本大震災の企画で本腰を入れて福島を取材する機会をもらった。高視聴率の長寿テレビ番組でなければ行けない場所やアポをとることができない相手を取材することができたし、多くのスタッフと一緒に番組を作り上げていく喜びを知った。テレビのことを知らないラジオマンに、忍耐強くゼロからテレビの番組作りを教えてくれた関口さんをはじめ、出演者、スタッフの仲間には感謝しかない。

私は二〇一六年三月でテレビへの出向を終えた。在籍した二年半で学んだのは、「画を基本に展開していく」テレビというメディアの特性だ。「強い画」さえあれば、そこからいかようにも展開できる。強烈な映像とフレーズによって、短時間で視聴者にインパクトを与えるのがテレビの最大の特徴だ。一方で、政治部にいたときも、「サンデーモーニング」にいたときも、「画がないからなぁ」とか「画が弱いからなぁ」といった言葉で出稿や放送を見送ったニュースがいくつもあった。映像の存在は私たち受け手に大きな影響を与える。だが、そこから零れ落ちる、一見すると「小さなニュース」がたくさんある。ラジオにしかできない報道もあるはずだ。以前からうっすらと考えていたそのことを、私は明確に意識するようになっていた。

第二章
ラジオ記者とはどういう仕事か

ニュース番組ディレクターとして再出発

二年半にわたるTBSテレビへの出向を終え、二〇一六年四月にラジオに戻った私が担当することになったのが、「荻上チキ・Session-22」と「荒川強啓デイ・キャッチ！」の二番組だった。いずれの番組もディレクターとして携わり、特に前者を担当できたことは、国会担当記者として仕事をするうえで大きなよりどころとなった。そこで、ラジオ記者の仕事について書く前に、この番組でどんな仕事をしていたかを述べたいと思う。

「荻上チキ・Session-22」（以下「Session」）は二〇一三年四月に始まった、平日の二十二時から放送していた報道番組だ（現在は時間帯を変え、平日十五時三十分から十七時五十分に「荻上チキ・Session」として放送中）。パーソナリティは前番組の「Dig」にも出演していた若手評論家・荻上チキさんとフリーアナウンサーの南部広美さん。「知る→わかる→動かす」をコンセプトに、ニュースをただ報じるだけでなく、番組をきっかけに社会を動かすことを目指した番組で、立ち上げたのは長谷川裕（ひろし）プロデューサーだ。長谷川さんは、社会的、文化的にタイムリーなテーマについて、社会学者・鈴木謙介さんがパーソナリティとして司会を務め、速水健朗さん、津田大介さん、西田亮介さん、塚越健司さんら数々の若手論客を輩出した「文化系トークラジオＬｉｆｅ」というトーク番組を立ち上げた人でもある。荻上チキさんが放送メディアに初めて出演したのはこの「Ｌｉｆｅ」だった。

「Session」のニュースパートは、「デイリーニュースセッション」と「メインセッション」で構成されていた。「デイリーニュースセッション」ではその日のニュースを六、七項目取り上げ、専門家や記者と電話を繋いで話を聞いたり、いくつかにチキさんがコメントしたりする。一方、「メインセッション」はひとつのテーマについて一時間弱、当事者や専門家をゲストに招き、リスナーと一緒に掘り下げていく。スタッフは長谷川プロデューサー以下十人程度で、各曜日「メインセッション」担当ディレクターがひとり、「デイリーニュースセッション」担当ディレクターがひとり。翌日の「メインセッション」のディレクターが「デイリーニュースセッション」の原稿書きを補助し、ＡＤがＯＡをサポートする布陣で放送していた。私は週三日この番組を受け持つことになった。

「デイリーニュースセッション」担当日は子どもを保育園に連れて行ったあとに出社し、ＴＢＳテレビや他局の昼、夕方のニュースラインナップを見て、その日の項目を作る。電話出演してもらうニュース解説者を決め、どういったことを聞くか打ち合わせをし、ニュースの原稿を書くというのが一連の流れだ。

その際に長谷川プロデューサーに言われたのは、「Session」では、他メディアが取り上げていないものやまだネットで話題になっている段階のものでも積極的に取り上げ、独自のニュースラインナップを作っていく」ということだ。ちなみに、その日取り上げる項目が決まると、私は子どもを保育園に迎えに行って一旦家に戻り、そのあと再び出社していた。

「Session」の売りのひとつが、多種多様な分野の専門家が出演していることだった。先輩ディレクターたちを見て、なぜそんなに次々と新たな識者を発掘できるのかと配属当初は不思議に思っていたのだが、これはプロデューサー以下、スタッフみんなが常日頃様々な媒体にアンテナを張り、目を光らせていることに尽きるのだとわかった。また、長谷川プロデューサーが「Ｌｉｆｅ」を担当していたので、そこで出会った新たな論客に次々と出演してもらえていた。彼ら彼女らの本を出している出版社の編集者とも太いパイプがあり、本が出版されると番組に売り込みが寄せられることも多く、それが次々と新たな識者との出会いに繋がっているようだった。

また、先輩ディレクターたちはイラクやシリア周辺の中東情勢、サッカーや野球をはじめとするスポーツ、ギャンブル・薬物などの依存症、国内外の企業動向を含めた経済といったおのおの得意ジャンルを持っていて、必要があれば専門書を読み、識者が出席するシンポジウムに顔を出している人もいた。私にとっては「政治」がそれにあたるのだろうと思っていたが、政治部の記者を一年した程度の経験では太刀打ちできないと感じるようになる。なぜなら先輩ディレクターたちは専門家の得意領域を把握していて、○○分野ならA先生よりB先生のほうが適任、といった細かなところまで熟知していたからだ。それゆえ、「Session」出演数日後に同じ専門家がテレビのニュース番組に出演していたり、テレビ番組の制作スタッフから専門家の連絡先の問い合わせが寄せられることもしばしばあった。

テレビ番組にコメントを寄せても短いものだと数秒しか使われないのに対し、「Session」の「メインセッション」は四十分から六十分ある。これだけ放送で長く話せる場は貴重だったようだ。出ていただいた専門家の方々からも好評で、様々な学界、業界で「あの番組には出たほうがいいよ」と評判になっていたらしい。そういった背景もあってか、過去に出演してくださった方からは何か動きがあると連絡が来ることがあり、再度番組で取り上げるというサイクルも生まれていた。そして、番組の特集が実際に世の中を動かす流れに繋がったものも少なくない。その例をいくつか紹介したい。

森友学園・籠池理事長の生インタビュー！ ラジオでの発言が国会へ

番組が始まって四年目の二〇一七年二月、世間では大阪の学校法人・森友学園に対する国有地払い下げ問題が話題になり始めていた。この年の春、森友学園が大阪府豊中市に小学校を開校することが決まっていた。この学校をめぐっては、安倍晋三首相（当時）の妻・昭恵氏が名誉校長を務めることになっていたのだが、敷地となる国有地が極端に安い値段で払い下げられていたと、朝日新聞が二月九日に報じた。

その後、在阪メディアを中心に森友学園問題に対する取材がスタート。国会でも二月十五日に衆議院財務金融委員会で日本共産党の宮本岳志衆院議員が取り上げたのを皮切りに、予算委員会でも話題になっていく。だが、二月十七日の衆議院予算委員会で民進党（当時）の福島伸享衆院議員の質問に対し、安倍首相は「妻から森友学園の先生の教育に対する熱意はすばらしいという話を聞いて」いるとしながらも、「私や妻がこの認可あるいは国有地払い下げに、もちろん事務所も含めて、一切かかわっていないということは明確にさせていただきたい」と関与を否定した。そのうえで「私や妻が関係していたということになれば、まさに私は、それはもう間違いなく総理大臣も国会議員もやめるということははっきりと申し上げておきたい」と発言していた。

安倍首相のこの発言があったちょうどその頃、「Session」の野口太陽ディレクターは渦中の森友学園の籠池泰典理事長（当時）と番組への出演交渉を行っていた。二月二十日の番組に電話で生出演してもらえないか――野口ディレクターによると、はじめ学園側は出演に断りを入れてきたが、窓口となった諄子夫人と何度かやり取りをするうちに、夫人が泰典氏を説得することになり、一度はＯＫが出た。予定では籠池氏のほかに、今回の件を最初に報じた朝日新聞の吉村治彦記者や、この問題を議会で提起した豊中市の木村真市議にも電話で経緯などを聞くことになっていた。

しかし、放送当日の夕方に、諄子氏から「朝日新聞の記者や木村市議が出演するなら、籠池理事長の出演を取りやめる」との意向が示された。番組としては、現在指摘されている問題を検証する材料を増やすためにも、理事長に話を聞く貴重な機会を逃してはならないと判断し、予定を変更して籠池理事長のみに出演してもらい、チキさんが経緯や疑問点を整理し、その模様を放送することになった。何が起きるかわからないため、政治学者の故・岩渕美克さんにも待機してもらった。

放送が始まると籠池氏は饒舌にチキさんの質問に答えていった。土地の値下げ交渉をしていく経緯から、地中から見つかったゴミがまだ運動場部分には残っていること、学園の教育内容や学園で起きたトラブルまで、一時間にわたり語った。発言の一つひとつが、他メディアが主要ニュースとして報じるような内容だった。生放送中はチキさんが聞くことに徹していて、画やテンポを重視するテレビでは実現できない内容だったし、籠池氏の個性的なキャラクターに世間が触れるきっかけになったと思う。

番組ではOA内容を毎日Podcastで配信していたが、この日は番組終了後に「文字起こしをしたテキストを載せたほうが多くの人に見てもらえる」となり、スタッフ全員で一時間の放送を文字起こししてウェブにアップした。その反響はすぐに出た。放送翌日、衆議院財務金融委員会の質疑で前出の宮本議員が、放送でのやり取りを取り上げたのだ。この回はその後も繰り返し国会で話題となり、議事録に載る結果となった。また、番組では籠池氏出演の翌々日、森友学園に詳しいライターの安田浩一さんをスタジオに招き、豊中市の木村市議と朝日新聞の吉村記者には改めて電話で出演してもらい、一連の問題を検証した。この日は私がディレクターを担当した。

番組出演後、籠池氏は身を隠し、最終的には詐欺容疑で逮捕・起訴される。一方、財務省では森友学園の土地売買にかかわる決裁文書の改ざんが明らかになり、職員の処分が行われたほか、近畿財務局員の方が自死されるという未曽有の大事件へと発展した。

私が担当したわけではないが、出演交渉から始まり、生出演のヒリヒリしたやり取り、その後の波及まですべての過程を真横で見ていて、アドレナリンがたくさん出た感覚を味わった。ラジオという小さなメディアがきっかけで、世の中が動いていくことを身をもって実感した経験となった。

「薬物報道ガイドラインを作ろう!」が変えた薬物報道

もうひとつ印象的だったのが「薬物報道」をめぐる取り組みだ。そもそものきっかけは二〇一六年、芸能人や元スポーツ選手の薬物問題についてのメディア報道が相次いだことだ。

その中には依存症への偏見や誤解を助長したり、違法薬物への興味を煽(あお)ってしまったりと、薬物問題の改善とは逆のベクトルになってしまっているものも少なくないという問題意識が私たち番組スタッフにはあった。たとえば、自殺報道をめぐっては「用いた手段について明確に表現しないこと」、「センセーショナルな見出しを使わないこと」、「どこに支援を求めるかについて正しい情報を提供すること」などを求めるWHO(世界保健機関)の「自殺報道ガイドライン」がある。しかし、薬物報道に関してはそういったものはなかった。そこで二〇一七年一月十七日の放送で、「薬物報道ガイドライン」を作ろうということになった。

チキさんがたたき台を準備し、薬物や依存症問題の専門家の国立精神・神経医療研究センターの松本俊彦さん、処方薬依存・摂食障害・アルコール依存の元当事者で、その後ダルク女性ハウス代表として支援者となった上岡陽江さん、ギャンブル依存症の元当事者で、ギャンブル依存症問題を考える会代表の田中紀子さん、そしてリスナーと一緒に案を作っていくことになった。担当したのは若手の金井渉ディレクターだ。

番組では松本さんからこれまでの薬物報道について「依存症は医学的な疾患なのに、さらし者にされるイメージが強い。また、報道のたびに注射器や白い粉のイメージ画像が流されることで、依存症の人はフラッシュバックしてしまう。報道することがむしろ回復しようとする人の足を引っ張っている」との指摘がなされた。また、支援者の上岡さんや田中さんからは「様々な報道に煽られることで、依存症患者がやり直す機会を失っているのではないか」との懸念が示された。

それをふまえ、番組では「『白い粉』や『注射器』といったイメージカットを用いない」、「『人間やめますか』のように、依存症患者にネガティブなイメージを植えつける表現を使わない」「『がっかりした』『反省してほしい』といった街の声、関係者談話を使わない」など、「報道がやってはいけないこと」を具体的に挙げていった。

そして、「依存症については、逮捕される犯罪という印象だけでなく、医療機関等にかかることで回復可能な病気だという事実を伝えること」、「相談機関などを紹介し、病院や警察以外の『出口』があることを伝えること」といった「報道がすべきこと」の草案を作り、出演者やリスナーから意見を募ってブラッシュアップしていった。こうしてできた「薬物報道ガイドラインver.1.1」を携えて、チキさんら出演者が厚生労働省の記者クラブで提案記者会見を行った。

ガイドラインを作る一連の過程については、NHKEテレの「ハートネットTV」がスタジオにカメラを入れて取材をする異例のコラボも実現した。一方で、反発の声がなかったわけではない。この「薬物報道ガイドライン」のリリースを出したところ、長谷川プロデューサー（当時）は上司に呼び出され、「TBSの公式見解だと思われたら困る」とクギを刺されたほか、リスナーからも「薬物依存症という病気ではあっても、犯罪に変わりはないのではないか」といった声が寄せられた。

「TBSラジオ、ならびにTBSテレビが社として作成したものではない」という形ではあったが、二〇一九年にミュージシャンが薬物により逮捕された際には、TBSの多くの番組がこのガイドラインに基づき報道を行い、他局の報じ方も変わった。またセンセーショナルな報道を行ったメディアに対してはリスナーを中心に異議申し立てが行われた。

この放送は日本の放送文化の質的な向上を願い、優秀な番組や個人に放送批評懇談会が贈る第五十四回ギャラクシー賞の「ラジオ部門大賞」に選ばれた。選評では「ひとつの番組から世の中を本気で変えようとする試みが、ラジオの新しい在り方までも提示しており、ラジオ界のブレイクスルーとなることを期待」するとされた。

国会をもっと身近に、「国会論戦・珍プレー!好プレー!」

日本の国会は、一月から六月ぐらいまで行われる通常国会と、九月ごろから行われる臨時国会、首班指名が行われる特別国会があることは皆さんも中学の社会科などで習ったはずだ。我々に身近なのは、一月からの通常国会で行われる予算委員会の質疑だろう。首相以下、全閣僚が出席し、与野党問わず何を聞いても良いことになっている。野党側は政権が抱える問題点をスキャンダルを含め追及することが多く、テレビや新聞でも報じられやすい。とはいえ、この予算委員会だけでも一日七時間も質疑が行われており、テレビが取り上げるのはそのうちの一分か二分程度とわずかだ。予算委員会のほかに国会には衆参それぞれで二十近い委員会があり、平日はどこかの委員会で何かしらの質疑が行われているわけだが、こうなると国会をまんべんなく取り上げることは不可能だ。

だが、「Session」は、そのスタート時から一貫して国会論戦を丁寧に取り上げてきた。

テレビや新聞で取り上げられる国会の風景といえば、議員がヤジを飛ばしているところや、議論が紛糾して議員たちが中央に座る委員長に詰め寄るシーンが思い浮かぶのではないだろうか。そのような場面は「画になる」。

しかし、「Session」ではそういった盛り上がる場面だけでなく、「国会でそんなことまで話していたの?」というマイナーなやり取りも取り上げるようにしていた。たとえば、後述する「桜を見る会」の質疑は、他メディアに先んじて報じた。また、かつて質疑中に「般若心経」を唱え始めた与党議員がいた。「Session-22」時代にこのことを取り上げたところ、ある新聞の記者が番組を聴いていて、それがきっかけで記事にしたという話を聞いたこともある。

このような、あまり注目されていないけれど、報道すべき法案質疑にもスポットを当てようとなり、そうして二〇一六年に始まったのが「国会論戦・珍プレー!好プレー!」という企画だ。

記念すべき初回は、ビデオジャーナリストの神保哲生さんと東京都立大学教授で憲法学者の木村草太さんをゲストに、ふたりが気になっている重要法案にまつわる質疑を細かく紹介する内容だった。

その後もこの企画は継続し、現在も国会会期中は月に一回程度の頻度で放送している。期間中に行われたあらゆる質疑の中から、知っておいたほうがいいもの、ちょっと笑ってしまうトホホなものなどをピックアップしている。企画が始まった当初は、知られざる注目の法案を取り上げることに主眼を置いていたが、回を重ねるごとに法案審議だけでなく、それ以外のトピックも紹介するようになった。それは、国会の質疑には法律を作るだけでなく、そのやり取りを通じて行政や法の不備や社会の問題を世の中に訴えかけ、それらを解決するために政府を動かしていく役割があるからだ。

たとえば、日本の職場で女性がハイヒールおよびパンプスの着用を義務づけられていることに抗議する社会運動 #KuToo（クートゥー）がある。

二〇一九年ぐらいからネット上では話題になっていて、国会質疑においても厚生労働委員会で繰り返し「ヒールの強制はおかしいのではないか」と野党議員から大臣に質問がなされてきたが、大臣は煮え切らない答弁を繰り返してきた。ところが、二〇二〇年三月にテレビ中継された参議院予算委員会で日本共産党の小池晃参院議員が改めて問うと、安倍首相（当時）は「職場での服装に関しては、強制、苦痛を強いるような合理性を欠くルールを女性に強いることは許されないのは当然のこと」と答弁した。首相が不合理なルールは問題だと認めたことになり、質疑終了後には与野党問わず議場から拍手が起こった。

その約三週間後の質疑では、日本航空（ＪＡＬ）が、客室乗務員の靴の着用規定を変更し、女性スタッフへのパンプスの着用義務づけをやめたと紹介された。国会の質疑が世の中の不合理な状況をひとつ変えた。

このように現実に起こっている問題を質疑で取り上げて議論の場を生み、「法律」と「現実」の隙間を埋めるのが国会質疑の重要な役割なのだが、まだあまり知られていないという現実がある。「国会論戦・珍プレー！好プレー！」では時間をかけて、チキさんや木村さんのわかりやすい解説をつけて、そのことをリスナーに届けることができる。

私が番組ディレクターとして大事にしていたのが、「国会は身近なことについて話し合う場」なのだと逐一リスナーに向けて伝えることだった。日々のニュースの中で扱う国会質疑は、政権のスキャンダル、国際情勢、安全保障、経済政策など、どうしてもマクロな案件になりがちだ。しかし、国会では私たちの生活に非常に密接した、ミクロなことについても話し合われている。

最近の例を挙げると、二〇二〇年六月の参議院文教科学委員会で、「コロナ禍で子どもたちの修学旅行はどうなるの？」という話題が取り上げられていた。キャンセルになった場合は補助金でキャンセル代が出るなど、かなり細かいところまでやり取りがなされていた。この質疑をしたのは、ちょうど学校に通う年齢の子どもを持つ日本維新の会の梅村みずほ参院議員だった。

もうひとつ例を挙げると、立憲民主党の吉川沙織参院議員は就職氷河期世代で、その世代が置かれている苦境についてたびたび問題提起している。「私は運よく就職できたが、仲間たちの多くは非正規採用を余儀なくされた」と述べ、非正規雇用が多いため収入が安定せず、なかなか結婚もできない。これは少子化対策として議論すべき問題ではないか、貯えが十分でなく定年後に生活保護が必要になる人が増える可能性もあるので早めに対策すべきではないか、といった質疑を行っていた。その結果、政府が作った政策の中に以前はなかった「就職氷河期世代支援」が盛り込まれるようにもなったのだ。

このように質疑を通して、国を動かすのも議員の仕事で、それをしっかり伝えることが「国会論戦・珍プレー!・好プレー!」なのだと考えながら、「国会をもっと身近に感じてほしい」一心で放送していた。

チキさんとは、「自分たちが子どもの頃は政治や国会をおもしろおかしく取り上げるテレビ番組が結構あったよね」という話にもなった。チキさんが見ていたのは、テレビ朝日系で放送している「ビートたけしのTVタックル」だ。質疑のVTRを長めに使い、ナレーションで茶々を入れつつ、スタジオでMCがコメントする。私が見ていたのは日曜日の朝に日本テレビ系で放送していた「Ｔｈｅ・サンデー」だ。一週間の永田町で起こったニュースを取り上げる際に、「今週の永田町劇場」という物語に仕立て、うろ覚えだが小沢一郎氏を「ブルドッグ皇帝」、菅直人氏を「カイワレ男爵」のようにニックネームをつけて放送していた。見立てやナレーションの是非は別にして、世代が同じふたり（チキさんは一九八一年生まれ、私は一九八三年生まれ）が、子ども時代に異なる番組を見てそれぞれ政治に関心を持ったのは興味深い。そういった番組が今はあまりない。現代的な形で国会に興味を持ってもらえる番組を届けたい、という思いがこの企画を続ける原動力となっている。

リスナーからは、日頃忙しくて見ることのできない国会でのやり取りをこのような形で聴くことができた驚きや、そこで交わされている議論の内容への嘆きとともに、「なぜこれをテレビがやらないのか」という不満の声も伝わってきた。テレビで放送するには画が弱く、論点が入り組みすぎているので、短い時間で紹介するのは難しいのだろう。チキさん、木村草太さんという国会や法律に詳しく、問題の本質を的確に指摘できる解説者がいて、ひとつの論戦あたり三分から五分と、時間をたっぷり使って解説するラジオのメリットを生かせる企画だからこそ、放送できるのだ。

あるとき、長谷川プロデューサーから「もっと多くの人に聴いてもらえるように、BGMをつけたダイジェスト版を作れないか？」と提案された。せっかく「プロ野球珍プレー好プレー」をオマージュしたタイトルをつけているのだからと、プロ野球関係の音源を探し、そのBGMに乗せて特にトホホな国会質疑を紹介する「アバンタイトル」と呼ばれる一分半程度の音声素材を流すのも毎回恒例になった。

わずか一分半のコーナーだが、本編よりも編集が大変だ。この企画のために、「Session」のディレクター陣、チキさん、そして私のそれぞれが、日々国会をウォッチして、紹介すべき質疑をリスト化している。その中には、取り上げるほどではないが質問者の用いたフレーズがおもしろいもの、逆になんだかなあと思ってしまうトホホな内容のものもある。その期間にアバンタイトルで使えそうな音はいつもだいたい五十程度集まる。その会期中に最も話題になったフレーズを第一声に置き、クスリと笑えるもの、「こんなのもあったよね」とリスナーが振り返りやすいものなど緩急をつけながら繋いでいく。国会質疑という一見高尚なことをやっていそうな議論の場でも、BGMひとつで一気にオモシロなテイストが加わる。テレビのように派手な映像がなくても、音楽の入れ方ひとつで伝え方を工夫できるのがラジオ演出のおもしろさでもあるのだ。

既存のニュース番組に対する受け手側の不満

テレビ、ラジオの別なく、視聴者の立場から既存のニュース番組とのかかわりを考えたとき、自身の意見を送るのは、ここ十数年でメールやTwitterの登場で以前より気軽にできるようになった。とはいえ、視聴者は受け身になりがちだ。「Session」が新しかったのは「知る→わかる→動かす」というコンセプトのもと、番組をきっかけにリスナー自身が実際に声を上げたり行動したりすることを促し、そしてそのことが社会を動かすのだと実感してもらうことができた点だと思う。

自らを取り巻くこの社会が少しずつ変わっていく様を目撃し、リスナーの側も受動的でなく、より能動的に番組を聴いてくれる。そして、「これまでの価値観を変える」「自らの考え方をアップデートしていく」ことを自身の生活の場でも実践し、リスナーが周りの人たちに新しい価値観を伝える側になってくれているように感じる。

番組では、セクシャルマイノリティの人々が置かれた状況、貧困と生理の関連性、学校給食の実情、選択的夫婦別姓のこれからといった、従来のニュース番組ではなかなかメインに据えられることのなかったテーマについてしっかりと掘り下げてきた。また、メディア界のジェンダーバランスの偏りについてなど、日常にひそむ無自覚の差別についても積極的に発信してきた。そうした感覚をスタッフ間で日頃から共有するようになると、たとえばある学会のシンポジウムの登壇者ラインナップを目にしたときにも、性別の偏りがあるのでは？　と違和感を持つようになった。ネット上で番組への反応を見ていても、テレビ番組のコメンテーターは、「Session」と比べてジェンダーバランスを欠いているのではないかといった指摘を目にすることも増えてきた。こうした小さな意識の変化を目の当たりにするにつけ、スタッフだけでなくリスナーにも同様の感覚が届き始めているのではと手応えを感じられるようになった。

政治報道の分野においても、最近でこそ人々の生活に深くかかわる政策に着目し、それを取り上げる報道も見られるが、二〇二一年十月の自民党総裁選前のメディア報道を見ればわかる通り、政党間や政党内の派閥間の抗争や人事ポストをめぐる駆け引きなど、永田町内の動きを中心とした「政局報道」がまだまだ多い。

私自身その現場にいると感じるが、政局取材は本当におもしろいのだ。大の大人が、互いの生き残りをかけ、権力の頂点をめぐってやり取りする様をそばで取材する、その魔力に取りつかれそうになる。特に部長やデスククラスの年長の記者たちは、派閥の力がよりものをいった中選挙区制時代を知っているからなおさらだろう。ところが、私がディレクター時代に「Session」で政局にまつわる特集をした際、すでにネットやメールの反応は芳しくなかった。「いつまで政局報道をやっているのか。それは私たちの生活にとって本当に重要なのか」と問われているような気がした。むしろリスナー＝世の中が求めていたのは政策論争や国会論戦中心の報道だったのだ。時代の変化を感じる出来事だった。

二〇一八年一月、長くTBSラジオで国会担当を務めていた武田記者が異動となり、ポストがあいた。武田記者は新聞やテレビを出し抜くスクープを何度も出し、著書を執筆し、テレビにもコメンテーターとして出演するなど、TBSラジオの名物記者だった。私にその代役が務まるか自信がなかったが、「Session」のスタッフを含め多くの人が、「絶対に手を挙げたほうがいい」と背中を押してくれた。こうして私は、専業のラジオ記者となった。

ラジオ記者とは何者か?

ここからはラジオ記者の仕事に触れていきたいが、記者と言ってもテレビ、新聞、ラジオ、ネットと媒体によってその内容は若干異なる。新聞記者は一番わかりやすいかもしれない。取材をして新聞に載る記事を書く。テレビの記者は取材をしてニュース番組で読まれる原稿を書き、加えて番組で中継レポートをしたりスタジオ解説したりする。

では、ラジオの記者はどうだろうか。仕事内容で言えば、新聞よりテレビの記者に近い。さらに我々ラジオ記者は、取材音源を自分で収録している。テレビでは、第一章で触れた海江田氏取材のときのように記者自らビデオカメラで撮影をすることもあるはあるのだが、基本は専任の技術スタッフが別にいて、映像や音声収録についてはもちろん、キー局では素材の編集もその道のプロが行い放送に繋げている。しかし、ラジオの場合は音声の収録、編集含めすべて記者自身で行う。つまり、取材・構成し、レポートする番組制作と、収録・編集といった技術面の両方のスキルが求められる。たとえば、記者会見を取材する場合は、会見場へ行き、自社のマイクを立て会見の音声を収録するところから始める。といっても使う機材は大掛かりなものではなく、高性能のICレコーダーだ。

ラジオ記者は絶滅危惧種!?

日本新聞協会によると、二〇二一年四月現在、九十四社に一万七千百四十八人の新聞記者がいる。では、「ラジオ記者」はいったい何人いるのだろうか。この質問に答えるのは難しい。というのも、ラジオは私のような専業の記者のほかに、災害現場や選挙特番などで取材をするディレクターやレポーターも「記者」と称することがあるからだ。TBSラジオには裁判や人権問題、原発問題などに詳しい崎山敏也記者も在籍しているが、TBSテレビの別部署と兼務なので、専業という意味で言えば、現在私ひとりしか記者がいない。TBSラジオも一九九〇年代までは複数の記者を抱え、取材を行っていたと聞いたが、私が入社した二〇〇九年の時点ではすでにふたり体制だった。

人数が少ないのは、ラジオ局の経営状況が芳しくないこともあるだろう。民放ラジオは収入の多くを広告に依っているが、電通の調査によると、一九九〇年ごろには二千億円あったラジオ広告の市場規模は、二〇二〇年には千億円程度とこの三十年で半減した。それに伴いスタッフの数は減っていった。

ラジオ記者の少なさは、TBSラジオに限った話ではない。私が日頃取材している国会内にはいくつか記者クラブがあるのだが、ラジオ局や地方局が加盟するのが「国会放送記者会」、通称「民放クラブ」で、TBSラジオもここに加盟している。民放クラブの歴史は古く、テレビ局、ニュース映画社が加盟する記者クラブ「映放クラブ」よりも歴史がある。現在十二社が加盟していて、国会担当のラジオ記者が常駐するのは文化放送、ニッポン放送、TBSラジオの三社だけだ。国会担当記者とはいっても、私を含め三社の記者とも国会以外の取材もしている。文化放送やニッポン放送は警視庁や都庁の記者クラブにも加盟しており、そこにも常駐の記者がいるので、抱えている記者の数としてはTBSラジオより多いが、それでも新聞やテレビ局と比べると、その数は圧倒的に少ない。年々減少してきていることを考えれば、絶滅危惧種と言えなくもない。

ただ、数こそ少ないものの、テレビや新聞とは異なる動き方ができるのがラジオ記者の強みだ。そのことについて、これから書いていこうと思う。

新聞やテレビでは、報道局に政治部、社会部、経済部といった部署がある。その中でさらに官邸担当、与党担当、野党担当、警視庁担当など細かな担当分けがある。取材対象の範囲は自身の担当分野から外れることはほぼなく、外れたとしても部内に納まる。

一方、ラジオ記者はとにかく人数が少ないので、取材範囲を細かく分けていたのでは、話にならない。そのため、朝は永田町で政治家の会見を取材し、昼は街頭で猛暑の取材をして、夜は企業不祥事の会見に駆けつけるなどということがひんぱんに起こり得る。新聞記者によく見られるが、その分野の取材を十年以上続け、専門家や当事者などと人間関係を構築し、専門誌に寄稿できるほどの知見を持つ、というタイプの記者になるのは難しい。求められるのは軽快なフットワークと、幅広く世の中の物事に関心を持ち、アンテナを張り続けること。そして、目の前の事象を素早く解釈して言語化し、音声で放送に乗せる能力だ。

ラジオの中継時間はテレビと比べて長い。そのため、取材した多くの情報を盛り込むことができ、より突っ込んだ詳しい話をリスナーに伝えることができる。場合によっては中継時間が五分から十分ということもあるので、やり取りを完全に原稿にするのはかえって難しく、ディレクターとは大まかな流れだけ打ち合わせて本番に臨む。

もちろん中継時間が長いことには大変な面もあり、十分間自分の声のみで現場を描写し続けるのは難しい。テレビならば、「あちらをご覧ください」などとレポートもできるが、ラジオには画がない。これは大きな制約で、記者が視覚的な情報を説明していく必要がある。男性政治家の記者会見ならば、どんな色のスーツを着て、どんなネクタイをしていたのか。髪型は決まっていたのか、表情はどうだったのか。第一声を発する前に水を飲んだのか、といったことまでが描写の対象となる。ここまで伝えてから、ようやく会見で何を話したかについて触れる、といった感じだ。逆に言えば、中継時間が長い分、細かなエピソードを盛り込めるのがラジオというメディアの魅力でもある。

この視覚情報の音声化能力は、ラジオ記者になると鍛えられる点かもしれない。そう明確に気づかされたのは、私が自分で映像を撮るようになってからのことだ。TBSラジオニュースでは二〇二〇年にTwitterアカウントを開設した。ニュースデスクや記者が日々の取材内容をつぶやいているのだが、やはり文字だけでは味気ないので写真や映像を積極的に載せるようにしている。二〇二〇年九月から平日二十二時に放送している「学び」をテーマにした番組「アシタノカレッジ」で金曜日のパーソナリティを担当しているライターの武田砂鉄さんから、私が撮影した映像の特徴を教えられたことがあった。

二〇二一年二月、緊急事態宣言中に銀座で飲食していた、当時自民党所属の松本純元国家公安委員長ら三人の議員が謝罪会見を取材した際に、「澤田さんは松本議員の手元の紙をズームしていた。あれはほかのメディアではなかった」と指摘された。会見の場合、通常テレビで使われるのは被写体のバストアップ映像だ。しかし私は松本議員が謝罪するときに目線を手元の紙にちらちら落とすのが気になって、その紙を中心に撮影し、そのことについて番組でレポートした。これは日頃から画ありきの考え方がなく、細部を見るようにしているラジオ記者特有の目線なのかもしれない。たとえわかりやすい視覚情報ではなくても、取材現場で覚えたささいな違和感を言葉に置き換えて伝えることができるのがラジオ報道の強みであろう。余談ではあるが、三人の議員が謝罪する後ろに「国民のために働く」というコピーが掲げられた菅前首相のポスターが映り込むオチもついたのだった。

リスナーになったつもりで、そしてテレビカメラには映り込まないディテールをいかに描写できるかが、ラジオ記者としての重要な資質だと感じている。

〝非主流メディア〟だからこそできること

とはいえ、取材現場でのラジオ記者の地位は正直低い。記者会見ならば、参加する大部分の記者は新聞やテレビ、通信社といった〝大メディア〟に所属している。国会内で取材していても、国会議員や秘書、政党職員と名刺交換すると、「TBSラジオ？　ラジオ単体で記者がいるんですか？　初めて会いましたよ！」と驚かれることはしょっちゅうだ。

また、先に書いたように、大メディアは第一章で触れた「○○番」と呼ばれる「番記者制度」を採用しており、党の役職ごとだけでなく、派閥ごとに番記者がついている。そして、多くの議員や事務所、政党はこの番記者制度を前提としてメディア対応を行っている。たとえば、各政党や各派閥に登録された番記者にしか回されない「番連絡」という連絡網が存在する。「十分後にぶら下がり（会見取材）がある」、「不祥事に対するコメントを発表する」など、月ごとに変わる記者クラブの幹事社経由でそういった連絡が回される。そうなると、その連絡網に入っていないことが多い私はお手上げだ。

そうした日々の連絡のほかに、番記者を集めてオフレコの懇談会が行われることもある。オフレコのため実名入りの記事にはできないが、そこでしか聞けない話もある。そういった場にラジオ記者の私が呼ばれることもほとんどない。

「幹事長番」や「国対委員長番」に顕著であるが、担当の記者は取材対象者に一日中張りつくことが求められるのだ。国会対策をつかさどる国対委員長を担当する記者は、国会開会中は、「国対部屋」の前に一日中いる。取材対象の国対委員長はもちろん、各社の記者も同じ時間を過ごすのだ。互いにライバルではあるものの、毎日それだけの時間を過ごしていたらどうしたって関係性は近くなるし、政治家からもその他大勢の記者ではなく一個人として認識され、記者の承認欲求も満たされ、情報も取りやすくなる。彼らが情報を共有すればするほど、そこに私のような「番記者以外」が入りこむ余地はなくなっていく。

こうして「番記者」と「それ以外の記者」という見えない対立構図が出来上がると、別メディアの記者が行う取材を結果的に妨害する事態も起こり得る。見知らぬ顔が混じっていると、取材対象が警戒して言葉を濁すかもしれない。ネタが欲しい記者は、番以外の社を排除しようとするのだ。

国会取材においては「与党」「野党」といった明確な対立構造があるが、このように「敵」「味方」の区分けが記者内にも存在している。何度も述べているようにラジオの記者は絶対数が少なく、与党も野党も取材するため、彼らのようにひとところに張りついてはいられない。ゆえにラジオ記者は与野党どちらの番記者の輪の中にも入れない。私も野党取材をしたあとに、自民党議員に話を聞きに行ったら、「あれ今日はこっち側（つまり与党側）に来てていいの？」と言われた。そういうときに私は「ひとり『与野党官邸』担当記者ですから！　地方紙と同じだと思ってください」と言うようにしている。地方紙の記者は「地元選出」という一点のみにおいて、与野党の別なく議員を取材しているのである。

　話を戻すが、「敵と味方」「内と外」という線引きの中で記者たちは日々取材をしている。特に国会取材では記者同士が、競い合って政治家からネタをとってスクープしてやろうと考えている。いかに取材対象に気に入られ、ネタをとれるかが重視される。一部報道機関では、政党幹部や将来有望な政治家との関係性が、そのまま記者自身の出世に繫がっているとも聞く。直近でも、自民党の幹事長を過去最長の五年間務めた二階俊博氏を担当していたあるメディアの記者が、岸田総裁の誕生とともにおそらくその任を解かれたのだろう、野党クラブの応援に駆り出されているのを見かけた。

　こういった状況下で取材が行われると、取材対象との関係性を重んじることが第一になり、記者会見などで厳しい質問が行われにくくなることが起こり得るのだ。番記者たちは、他社がみんな書いているにもかかわらず自分だけが書けていないという事態を一番恐れる。そういった心理を政治家の側も知っているから、会見で厳しいことを言う社には情報を与えないようにすることだってあり得る。また政治記者は、オフレコのコメントをとることを重視しているきらいもあり「思惑についてはあとでとればいいや」となりがちだ。繰り返しになるが、そうなると不祥事があったときですら、メディアが会見の場で厳しい追及を行わないということが生じてしまう。

　また、番記者制度の弊害で、自分の担当分野以外に詳しくない、興味がないという記者も目にする。たとえばこんなことがあった。安倍元首相が在任中の「桜を見る会」についての問題追及だ。首相が主催し、毎年春に新宿御苑で行われていたこの会をめぐり、「各界において功績・功労のあった」人が呼ばれることになっていたにもかかわらず、実際には与党議員の後援会関係者が呼ばれたり、安倍元首相の後援会員に参加を募ったりしていたことが指摘されていた。

また、安倍元首相は、招待した後援会員らが参加する前夜祭を都内ホテルで開催していたが、参加者から徴収されたひとり五千円の会費をはじめとする前夜祭の収支は、政治資金収支報告書に記載されていなかった。この問題が発覚した二〇一九年の国会では連日追及され、渦中の十一月十五日に安倍元首相が突如取材を受けた。この日のぶら下がり取材で安倍元首相は、二十分間にわたり三十問以上の質問に答えた。それまでこのようなことは滅多になかったため、いつもどおり一、二問で去ると思っていた記者側の準備ができておらず、本質を突いた質問がその場でなされたとは言い難かった。その場にいたのは「内閣記者会（＝通称官邸クラブ）」の「総理番」の記者たち。国会にいくつかの記者クラブがあることはすでに述べたが、官邸クラブは、首相、官房長官を筆頭に政権幹部を取材し、政府が行うことについて報じている。中でも首相の取材を行うのは「総理番」と呼ばれ、若手記者が担当することが多い。それというのも、首相は直接記者の取材に応じることはほとんどなく、「総理番」は政府の会合などで発言したことを中心に追うため、経験の浅い若手が配されることが多いのだ。

一方、この「桜を見る会」については、野党が委員会での質疑で連日追及していたほか、官僚を呼んで連日野党合同ヒアリングを行い、問題点を明確にしつつあった。それゆえ、「桜を見る会」を真に追及できるのは「野党番」の記者たちだったと言える。しかし、この日のぶら下がりは急遽行われたこともあり、官邸クラブの記者たちはすでに報じられているレベルでしか問題を指摘できずに終わった（一部の社では終盤ベテラン記者が駆けつけたところもあったと側聞しているが）。経験がないということを差し引いても、自分の担当分野のみに詳しくなってしまうのはいかがなものか。と、偉そうに書いているが、私もこの日のぶら下がりは短時間で終わると思い込み、そもそも現場にいなかったので、批判できる立場にはない。

「パンケーキ懇談」に見るメディアと政治の距離

こうした政治メディアの「閉じた」姿勢は、近年首相の記者会見でよく見られた。新型コロナウイルス感染症の感染拡大に伴い、首相会見がたびたび行われるようになった二〇二〇年からは少し変わってきたが、それまで首相が行う記者会見は年に数回。あってもそこでの質問は記者クラブ幹事社の代表質問を含めて数問のみで、それも解散総選挙の時期や内閣や党役員人事といった「政治部記者しか興味のない質問」のことが多く、世間とメディアとの距離を感じさせられることも少なくなかった。時間も三十分程度で終わってしまっていた。

二〇二〇年夏、安倍首相（当時）が体調不良を理由に突如退任を発表し、自民党総裁選を経て、官房長官を務めていた菅義偉氏（当時）が新たな首相に就任した。「菅首相は下戸で甘味好き。特にパンケーキに目がない……」総裁選の最中からこんなネタが報じられていた。就任翌月の十月三日午前、菅首相と官邸クラブの記者による「パンケーキ懇談」なる催しが行われた。

先述の通り、記者の取材スタイルのひとつにオフレコ懇談がある。取材対象と飲食をともにしながら、相手の本音を引き出すもので、誰が話したかは明かさない前提で行われる。菅首相に限らず、これまでも首相と官邸クラブのオフレコ懇談は幾度も行われてきた。ただ、菅首相はこのとき日本学術会議から推薦された会員候補六人の任命を拒否しており、しかし正式な記者会見は就任以後開かれておらず、その説明を求める声が世間では高まっていた。そのさなかに行われたパンケーキ懇談が官邸クラブの常勤社のみが参加するオフレコのものだったことから、首相は何も発言しないのかと批判の声が上がり、朝日新聞や東京新聞、京都新聞は懇談の前に会見の開催を求め、懇談への参加を見送っていた。

時を同じくして私は、同年九月から放送が始まった「アシタノカレッジ」の金曜日版、武田砂鉄さんとその週のニュースを解説するコーナーにレギュラー出演することになった。同番組はYouTubeでも生配信をしていて、番組終了後には限定のアフタートークも配信することになった。「Session」や「ネットワークトゥデイ」ではその日に起きたニュースを中心にレポートしていたが、「アシタノカレッジ」では一週間に取材したニュースからいくつか項目をピックアップして、一歩引いた視点で話すことに決めた。

その第二回の放送で、パンケーキ懇談の裏側を報告したのだ。政府に対する不信を質すことなく、取材とはいえパンケーキ懇談に興じるメディアは、国民から信頼を得られるのかという疑問があったからだ。一部のテレビ局では、「出稿部」と呼ばれる政治部、経済部などの意見が強く、視聴者により近い視点を持つ番組側の意見が通りにくいという話も聞く。組織が小さく、機動力のあるラジオ記者だからこそ、世の中が求める形でニュースを伝えることにチャレンジすべきではと考えるようになった私は、あえてパンケーキ懇談の裏側を報じることにしたのだ。

スタートは早朝七時半だったことやメニューに選択の余地はなかったこと（ものすごい量のクリームだったとのコメントも）、菅首相はいくつかあるテーブルを十五分ごとに回っていったことなどを関係者に取材して報じた。同じことをテレビでやろうとすれば、お店に入っていく首相や記者たちの様子、パンケーキの映像などを撮影する必要がある。しかし、ラジオには映像はいらない。

メディアへの信頼について考えさせられることは最近も起きている。二〇二一年九月の自民党総裁選は、菅前首相の不出馬宣言も相まって、メディアが政局報道一色になった。ワクチンの接種は進んだものの、決して政府の新型コロナ対策がうまくいったとは思えない。そういったことが総括されないまま、政府を支えてきた閣僚や党幹部らが出馬する自民党総裁選をメディアはニュースの中心に持ってきて報じていた。報じられている内容も政府与党への指摘や追及ではなく、派閥による票読みや候補者ごとのＳＮＳでの発信についてだった。あたかもメディアの側が自民党の広報を担っているようにも見えた。政治記者の多くが、「解散総選挙」「総裁選の行方」「派閥」といった政局中心の取材にまい進し、メディア全体もその流れに乗る。

そういった現状から脱却し、新たな政治報道に取り組みたい一心で、私は国会担当記者の仕事に向き合っている。総裁選の討論会で各候補が発言した政策の掘り下げや、過去の発言との整合性の検証などもその一環である。その中には、永田町で長年「当たり前」とされてきたことについても物申していくことも含まれている。私が会見で発する質問をはじめ、記者としての行動原理には、「Session」が打ち出してきた「あるべき社会の姿に照らしてどうなのか？」という根源的な問いがあると改めて感じている。

第三章

森喜朗会見と
東京オリンピック・パラリンピック報道

それは前日から始まった

二〇二一年二月三日の夕方。私は新型コロナウイルス関連の取材を終え、会社で事務作業をしていた。ふとTwitterのタイムラインを覗いてみると、東京オリンピック・パラリンピック大会組織委員会の森喜朗会長（当時）が、JOCの臨時評議員会の中で「女性がたくさん入っている会議は時間かかる」と述べたという朝日新聞の速報記事が目に飛び込んできた。

記事によると、森氏は「テレビがあるからやりにくいんだが」と前置きしたうえで「女性っていうのは競争意識が強い。誰か1人が手をあげていうと、自分もいわなきゃいけないと思うんでしょうね。それでみんな発言されるんです」「女性の理事を増やしていく場合は、発言時間をある程度、規制をしないとなかなか終わらないので困ると言っておられた。だれが言ったとは言わないが」と語ったらしい。その場にいたJOCの評議員会のメンバーからは笑い声も上がったとも書かれていた。また、「私どもの組織委員会に女性は7人くらいか。7人くらいおりますが、みなさん、わきまえておられて」と話したとも記されていた。

正直、「またか」と思った。森氏と言えば、首相在職時に神道政治連盟国会議員懇談会のあいさつで、「日本は天皇を中心とする神の国」と発言したことにはじまり（二〇〇〇年）、選挙の応援演説で「（無党派層は）寝ててくれればいい」と発言するなど（二〇〇〇年）、過去の失言は枚挙にいとまがない。女性についても、子どもを作らない女性が税金で面倒を見てもらうのはおかしいという趣旨の発言をして問題になっているし（二〇〇三年）、組織委員会の会長となってからもフィギュアスケートの浅田真央選手に対し、「大事なときには必ず転ぶ」と発言しており（二〇一四年）、そのたびに一時的には批判を受けるものの、多くが彼の支持者の前での発言だったことや、そういった発言も含めて「憎めない」などと評され、謝罪や撤回を繰り返しながらも、これまで政治生命を絶たれるような事態に至ることはなかった。

ただ、翌日の二月四日から国会ではテレビ中継のある予算委員会が予定されていて、新年度予算案の審議初日で与野党の大物議員が質疑に立つことになっていた。私は「Session」を長谷川さんから引き継いだ野口プロデューサーと、「森会長がまた失言したらしいよ。明日の予算委員会で問題になるかもね」と言葉を交わした。しかしこの時点では、その後の会長辞任に繋がるような大きな問題になるとは私の中で認識できていなかった。

帰宅してから、「森さんがまた変なこと言ったらしいよ」と妻に朝日新聞の記事の中身を説明した。私が「今までは流されてきたけれど、今回はオリンピックが絡むから、海外で報じられて問題になるかもしれない」と話すと、妻は「こういうおじさんたちが、こういう発言をして、周りのおじさんがそれを笑い、それが許されている社会に自分の子どもたちを送り出すのかと思うと絶望しかない」とつぶやいた。子どもを寝かしつけたあと、私はテレビのニュース番組を見たが、そこでは森会長の発言は全く取り上げられなかった。しかし、再びTwitterのタイムラインを見ると、森氏の発言を取り上げた記事についてのつぶやきで埋め尽くされていた。

著名人を含む投稿者たちは記事を引用しながら、森会長の発言がいかに問題なのかをつぶやいており、それぞれに多くのリプライがついていた。発言について「切り取りだ」との意見もあったが、たくさんの人たちの指摘にうなずかされ、これは明日から思ったよりも大事になるかもしれないと思いながらその日は床に就いた。

翌朝、寝ぼけ眼で見たNHKのニュース番組は、海外からの反応としてニューヨーク・タイムズが森発言について報じていると伝えていた。「これはマズイ」。そう思った私はすぐに、TBSラジオのニュースセンターに電話をした。TBSラジオでは深夜に発生する突発の事件、事故、災害の速報対応や、系列各局にニュース記事を配信するため、ニュースデスクと呼ばれる担当者が泊まりで勤務している。森会長の発言についての記事を配信したか尋ねたところ、毎朝系列各局に配信しているニュース原稿項目のひとつとして入っていたと教えてくれた。

前に触れたようにTBSラジオには専業の記者が私しかおらず、番組内で読まれる多くのニュース記事はニュースデスクがTBSテレビのニュースや共同通信、時事通信といった通信社が配信する記事をもとに作成している。ただ、気になったのはその時点でもTBSテレビがこのニュースを報じていなかったことだ。泊まりのニュースデスクに確認したTBSラジオとしての配信記事は、共同通信が前日の三日夜に配信した記事をもとに書かれたもので、結局TBSテレビが最初にこの発言について報じたのは明けて四日の朝九時半過ぎだった。

出社すると、毎日新聞のウェブ版で森会長が「辞意」を示しているとの記事が配信されていた。また、テレビのニュースからは森会長が午後に会見を行うとの一報が入ってきた。一方で、政府関係者や与党関係者からの「辞める必要はない」との声も聞こえてきていた。ネットの世論と海外の反応、政府や与党の反応に大きな温度差があったのだが、私は「どうせ謝罪とも言えない謝罪をして終わりになるのだろう」と思っていた。始まったばかりの衆議院予算委員会は、午後から野党側の質疑だったので、そこでこの発言がどう追及されるのかに興味が向いていた。

ところが、「Session」の野口プロデューサー、服部貴普ディレクターから、「今日の番組でレポートをお願いするかもしれないし、会見に行ってみてはどうか？」と提案があった。確認すると、一社あたり記者はひとりという制限があったものの、事前エントリーなしで会見場に入れることが判明した。そこで組織委員会の本部がある晴海に向かうことにした。TBSラジオがある赤坂から、自分のパソコンをピックアップしに国会にある記者クラブに寄ったところ、懇意にしている毎日放送（MBS）の三澤肇記者に遭遇した。

「これから森会長会見ですから一緒に行きましょう！」と声をかけると、快く応じてくれたのでふたりで記者クラブをあとにした。三澤記者は元アナウンサーで、「筑紫哲也NEWS23」のサブキャスターや、TBSも加盟するJNN（ジャパン・ニュース・ネットワーク）のベルリン支局に特派員として勤務経験もあるベテランだ。私が二〇一八年に国会担当の記者になって以来、民放クラブで席を隣にしていて、国会の内外で共同取材をすることも多く、日々世話になっていた。一年前、新型コロナウイルスのまん延により、東京オリンピックの開催が一年延期された際にも、当時の安倍首相、森会長、小池百合子都知事、橋本聖子オリンピック・パラリンピック担当大臣とIOCのトーマス・バッハ会長との電話会談を一緒に取材していた。その後に行われた森会長の会見では、三澤記者の後輩記者とともに、一年延期の根拠について質問した。

会見ではなく〝ぶら下がり〟

晴海へ向かう地下鉄の車内で、私は荻上チキさんにLINEを送った。森会長への質問内容の相談だった。前章で書いた通りチキさんとは「Session」の番組ディレクターとパーソナリティとして仕事をともにし、私が記者になってからは、番組内でたびたびレポートをしていた。二〇一八年に当時の福田淳一財務次官による女性記者に対するセクハラが発覚した際には、記者会見の場でチキさんとやり取りをしながら質問をしたこともあったりと、何かと相談に乗ってもらう同志のような間柄だった。

チキさんからは、まず、問題になった発言の中で森会長が「うちの恥を言います」と前置きし、自身が会長を務めていた日本ラグビー協会の理事会は時間がかかるとしていたことから、「ラグビー協会の女性は不適切で無内容な発言を繰り返すという趣旨か」を問うのがよいのではとメッセージがきた。さらに「『わきまえる』という言葉を使っていたが、女性は発言を控える立場だとわきまえるべきということか」と、ふたつの質問案を託された。また、質問を司会者に引き取られても「わかりました」とは言わないと確認しあった。最近の記者会見はかつてとは違い、インターネットで中継や配信が行われることが多く、その際に、たとえ取材相手がきちんと質問に答えていなくても、記者の側が「わかりました」と言ってしまうと、見ている側には「納得した」というメッセージを伝えてしまうことに繋がるからだ。私はチキさんに託されたものを含め、五つの質問を用意して会見に臨んだ。

森会長の会見の会場となったのは、東京オリンピック・パラリンピック組織委員会が入居する晴海のトリトンスクエアという複合施設だ。会見場には椅子や机はなく、センターにマイクスタンドが置かれているだけだった。中ではカメラマンたちが準備をしていた。とっさに私は三澤記者に、「これは会見じゃなくて〝ぶら下がり〟ですね」と同意を求めていた。

ここで改めて記者会見の形について触れたい。記者会見の形式は大きく分けると、通常の「会見」と「ぶら下がり」のふたつになる。通常の「会見」は、会場が用意され、会見する側は椅子に座り、三十分程度から数時間と比較的長い時間にわたって記者からの質問に答える。それに対し、「ぶら下がり」は記者が取材対象者と歩きながら、または取材対象者を取り囲み立ったまま行われるもので、対象者に記者がぶら下がって見えることからその名がつけられた。短時間で打ち切られることもあるし、不都合な質問が出たときに対象者が立ち去ることができるので記者泣かせでもある。私は椅子や机が一切なかったことから、やはり組織委員会は形式的な謝罪を行い、短時間で会見を打ち切りたいのだと理解し、今日は短期決戦だと覚悟を決めた。

今回の会見はいつも組織委員会を取材している記者クラブのメディアだけでなく、組織委員会からリリースをもらうことができているその他のメディアが参加していた。東京オリンピック・パラリンピックについては、政府に加え、JOCや東京都、森氏が会長を務める組織委員会が中心となって大会の準備を進めていた。関係する団体が多岐にわたるため、メディアの側はひとつの部署ではカバーしきれず、同じ会社でも政府については政治部が、JOCについてはスポーツ部が、都や組織委員会については社会部がといった形で分担して取材に当たっていた。東京オリンピック・パラリンピック組織委員会についての取材の場合、都庁記者クラブ所属の社会部記者が担当していることが多く、彼ら彼女らが会見場に駆けつけていた。だが、その数は多くなく、メディアの注目度は決して高いとは言えなかった。聞いたところによると、森会長の会見については、まず都庁記者クラブ加盟社に対して情報が出され、その後それ以外の社に連絡がいったようだった。つまり、組織委員会側が優先しているのは都庁記者クラブに加盟していたメディアだったと言える。

このときのように記者クラブがかかわる会見の場合、まず冒頭に幹事社が各メディアが聞きたいだろう質問を代表質問として行い、それからほかのメディアが挙手をして自由に質問する形式をとる。後述するが会見は会見する側と記者との相互のやり取りによって進行し、記者の質問の流れの中で答弁を引き出すものだ。この手の会見の場合、代表質問や前半で出る質問は、発言の意図について大きくざっくりと聞いていく傾向がある。一方、私が用意した質問は、発言の内容を細かく質すもので、前半でするにはふさわしくない。また、自分の用意したものと同じような質問が他社によって出されてしまったとしても、そこから零(こぼ)れ落ちたことがあるはずだと思い、前半に質問が当たりにくい、司会者から遠い場所に陣取りたいと考えた。このポジション取りは意外に重要だ。幹事社を含めた都庁記者クラブの記者たちは森会長に向かって右側の位置に多く陣取っていたので、私とMBSの三澤記者は森氏に向かって左側の位置についた。

怒濤(どとう)の十九分が始まった

会見に先立って組織委員会のスタッフから、今回の会見にはウェブから参加している人がおり、そこから質問が行われる可能性があるとの説明があった。そして十四時、組織委員会の高谷正哲スポークスパーソン、続いてSPを従え森会長が会見場に現れた。森会長はセンターのマイクの前に進み、司会の高谷スポークスパーソンから「森会長より、ひと言申し上げます。よろしくお願いいたします」と促されると、マスクを外して話し始めた。少し長いが引用する。

「昨日のJOC評議会での発言につきましては、オリンピック・パラリンピックの精神に反する不適切な表現であったと、このように認識をいたしております。そのためにまず深く反省をしております。そして発言をいたしました件につきましては撤回をしたい。それから、不愉快な思いをされた皆様にはお詫びを申し上げたい。（中略）オリンピック・パラリンピックにおきましても、男女平等が明確にうたわれております。アスリートも運営スタッフも多くの女性が活躍しておりまして、大変感謝をいたしています。私は、私どもの組織委員会のことを申し上げたわけじゃないことは、皆さんもご承知だと思います。この組織委員会については非常に円満にうまくいってるということを申し上げたことも、あいさつの中で聞いておられたと思います。次の大会まであと半年になりまして、関係者一同、一生懸命頑張っておられます。その中でその責任者である私が、皆さんのお仕事に支障があるようなことになってはいけないと、そう考えて、お詫びをして、訂正・撤回をするということを申し上げたわけであります」

以上の森氏の発言は手元のメモを見ながら行われた。私にはいくつか引っかかる点があった。まず「オリンピック・パラリンピックの精神に反する不適切な表現」とは具体的には自身の発言のどの点なのかが明らかにされていないこと。それから、「組織委員会のことを申し上げたわけじゃないことは、皆さんもご承知だと思います」については、「組織委員会について発言したわけじゃないから問題ない」と言っているかのように聞こえた。また、この発言のあとに森氏は「オリンピック・パラリンピック精神に基づいた大会が開催できますように、引き続き献身して努力していきたいと思っております」と述べ、辞任する気がないこともわかった。

続いて、幹事社による代表質問が行われた。この日は日本テレビの記者が質問した。その冒頭にちょっと変わったやり取りがあった。それは森氏が「僕はマスクをされると言葉が取れないんで」と言って、記者にマスクをとらせたうえで再質問を促したのだ。マスクをとり、質問を始めた記者が辞任について考えたことはあったのかと聞いたのに対し、森氏は「辞任するという考えはありません。私は一生懸命献身的にお手伝いして七年間やってきたわけですので、自分からどうしようという気持ちはありません」と答え、改めて辞職を否定した。

さらに、「皆さんが邪魔だって言われれば、おっしゃる通り老害が粗大ゴミになったのかもしれませんから、そしたら掃(は)いてもらえばいいんじゃないですか」と居直りともとれる発言をした。余談だが、森氏はのちに辞任表明をした組織委員会の合同懇談会のあいさつの中で「誰かが老害、老害と言いましたけど、年寄りは下がれというのはどうもいい言葉じゃない」と述べているが、先に「老害」と発言したのは森氏自身だったことをここに記しておく。

　さらに日テレの記者は「IOCは男女平等を掲げている。大会トップとして今後国内や世界にどう説明していくのか」と問いを続けた。それに対し森氏は、「これ以上のことを申し上げても、誤解が誤解を生むし、必ずしも今までいつも来ていた皆さんと違う方もおられて、よくわからないと困るでしょ」と、いつも森氏を取材している組織委員会担当ではない記者がいることについて言及したうえで、「私は組織委員会の理事会に出たわけじゃないんですよ。JOCの理事会に、評議員という立場だったかな？　名誉委員という立場だったから（中略）どうも組織委員会の理事会と一緒にしておられる方が、特に外国の方が一緒にされるかもしれませんが、皆さんの報道の仕方だと思います」と述べた。つまり、JOCの理事会に名誉委員という立場で出てあいさつしたのであって、組織委員会会長としてではない。むしろそこに触れない報道の仕方が問題だと責任を転嫁したのだ。

　このやり取りを聞いたときに私は、森氏は何が問題でこの場に立っているのか全くわかっていないのだなと思った。さらに「政府から来ているガバナンスに対しては、あまりその数字のところにこだわると、なかなか運営が難しくなることもありますよという中で、私の知っている理事会の話をちょっと引用してああいう発言になったということです」と言っていた。オリンピック憲章のうたう、「ジェンダー平等」について、自らが後ろ向きな発言をしている自覚がないこともわかった。

　二番手の日刊ゲンダイの記者は、女性の発言が長いというのは、ラグビー協会の特定の女性理事を念頭に置いた発言ではなかったのかと質問した。これは私がチキさんから託された質問と同じ内容だ。森氏は「一切頭にありませんし、ラグビー協会の理事会でどういう人が理事で誰がどう話したかはいっさい知りません」とこれを否定した。またIOCに説明するかとの質問には、「そんな必要はないでしょう。今ここでしたんだから」と述べ、これ以上説明をする必要はないとの認識を示した。

続いて質問に立ったのは、TBSテレビの城島未来記者だった。発言しようとしたところで森氏に「ちょっとわりぃ、取ってくれ」とマスクを外すよう求められた。マスクを外した城島記者は「昨日の発言はオリンピックの理念に反する発言だと思いますが、ご自身が何らかの形で責任を取らないということが逆に開催への批判を強めてしまうのではないか」と問うと、「ご心配いただいたということであればありがとうございます。しかし、今あなたがおっしゃる通りのことを最初に申し上げたじゃないですか。誤解を生んではいけないので撤回しますと申し上げている。『オリンピック精神に反すると思うから』とそう申し上げているんです」と返答した。

城島記者は女性登用についての質問を続けた。「会長は多様性のある社会を求めているというわけではなくて、ただ『文科省がうるさいから』、そういう登用の規定が定められているという認識でいらっしゃるんでしょうか」とかなりきつい、しかし今回の問題の本質を突く問いを投げかけた。対して森氏は「そういう認識ではありません。女性と男性しかいないんですから。もちろん両性というのもありますけど。どなたが選ばれたっていいと思いますが。あまり僕は数字にこだわって、何名までにしなきゃいけないということは、ひとつの標準でしょうけどね。それにあんまりこだわって、無理なことをなさらないほうがいいなということを言いたかったわけです」と答えた。

さらに城島記者は「昨日の『文科省がうるさいから』というのは、数字がという意味でしょうか」と追及した。森氏は「うるさいからというか、そういうガバナンスが示されて、みんながそれを守るために大変苦労しておられるようです。私は今どこの連盟にも関係をしていません。ただいろんな話はいろいろ入ってきますから、その話を総括して、会議の運営は難しいですよってことを山下さんに昨日申し上げたんです」と答え、文科省が示した男女構成比の数字を守るために競技団体などが「苦労しておられる」「いろんな話」を自分は伝えたまでだとの認識を示した。「山下さん」とは、山下泰裕JOC会長のことである。

次のNHKの女性記者が名乗ると、森氏はここで「よくわかっております」とひと言発した。このやり取りをそばで見ていて私は違和感を覚えた。記者とはこれまで取材を通して顔見知りだったのだろう。しかし、「謝罪会見」の場で「よくわかっております」とわざわざ言うのは、「お前、わかっているだろうな」と圧を記者の側に与えているように感じた。この記者は前日にお笑いタレントのロンドンブーツ1号2号の田村淳さんが、森氏の「何があってもオリンピックをやる」という発言を受けて、聖火リレーのランナーを辞退したことについてどう受けとめたかと質問をした。森氏は会見の二日前、自民党本部での会合で、聖火リレーについて「密」を避けるために、「人気タレントは人が集まらないところ、たとえば田んぼを走るしかないんじゃないか」と私見を述べていた。記者は「何があってもオリンピックをやる」という発言や、その姿勢を受けて田村さんがランナーを辞退したことを質していたのだが、森氏は二日前の「田んぼを走る」と発言したことについて追及されたと思ったのだろう。タレントが来れば人が集まり密になる。それを避けるために田んぼを走るという意見もあると紹介しただけで、組織委員会がそうすると言ったわけではないと述べ、質問とはかみ合わない回答をした。そして、そもそもの「田んぼ」発言については「という意見もありますということを紹介しただけ」だと、自身の考えではないと言っている。

司会を担当していた高谷スポークスパーソンが、視線をこちら側に向けた。左側のブロックで手を挙げているのは私とMBSの三澤記者だけだった。まず質問したのは三澤記者だ。森氏の発言をふまえ、基本的な認識として、会長は女性は話が長いと思っているのかと問うと、「最近女性の話聞かないからあんまりわかりません」ととぼけて逃げた。三澤記者は続いて、小池都知事の発言を引用し、「小池知事が会見で、話が長いのは『人によります』と言ったが」と畳みかけるが、「私も長いほうです」と答えた。三澤記者が話題をクォータ制導入に移し、森氏の差別意識を質そうと試みるも「それは民意が決めることじゃないですか」とかわした。

「森氏は何が問題かわかっていないのではないか?」という思いに加え、「老害」発言や三澤記者とのやり取りを見ていて「会見をまともにする気がないのではないか?」という疑念が湧き上がってきた。「なぜこんな人がオリンピックを進めるトップの立場にいるのか」という怒りに近い感情もあった。三澤記者が元の位置に戻り、続いて司会者から指名されると、私はマイクの前へと進んだ。

元首相との対峙(たいじ)

先述したように、私は会見にあたり以下の質問を用意していた。

- 森会長はラグビー協会の理事会と女性理事を引き合いに出しながら、組織委員会の女性理事は「的を射た」発言をされていると述べている。それではラグビー協会の女性は不適切で無内容な発言を繰り返すということか?
- 「わきまえる」という言葉を使っているが、女性は発言を控える立場だということか?(以上ふたつは、荻上チキさんから託された質問)
- オリンピック・パラリンピックの精神に反する発言と言っていたが、そういう発言をする人が組織委員会の会長に適任なのか?
- 自身の発言のどこが不適切だと考えているのか?
- 先ほど会長としての発言ではないので、責任は問われないという趣旨のことを言っていたが、組織委員会としての立場ではないからあの発言は問題ないということか？

マイクの前に立ち、社名と名前を名乗る。

「ＴＢＳラジオの澤田と申します。いくつか伺わせてください」

すると、森氏は「いくつかじゃなくてひとつにしてください」と返してきた。「さっきまでは複数質問を受けていたのに、いきなり何なんだ？」と心の中で思いながらも、それならばと一番聞きたかった質問をぶつけることにした。

「冒頭、『誤解を招く表現』『不適切だった』と発言があったが、どこがどう不適切だったと会長としてはお考えになりますか」

「男女の区別するような発言をしたということですね」

答えになっていないと思いながらも、手元のメモから質問を続けた。

「オリンピック精神に反するという話もされてましたけれども、そういった方が組織委員会の会長をされることは適任なんでしょうか」

森氏は首を傾げながら、「さあ？　あなたはどう思いますか」と逆質問してきた。昨日の発言が報じられてからネットで沸き起こった議論、森氏の過去の失言の数々、娘たちの将来について妻と話したこと、様々なことが一瞬のうちに頭を駆けめぐり、「私は適任ではないと思うんですが」と返していた。

まさか私のような若造から「適任ではない」と言われると思わなかったのか、森氏は少し震えた口調で「そ、そう、じゃあそういうふうに承っておきます」と答えた。

このあたりから、森氏の表情や受け答えが明らかに変化し始める。

さらに、「先ほど会長としての発言ではないので、責任を問われないという趣旨の発言をしたが」とこちらが質問している際には、森氏はそれをさえぎって、「責任が問われないとは言ってませんよ。場所をわきまえて、ちゃんと話したつもりです。はい」と言った。こちらは場所の問題ではなく、発言自体を問題視しているので、「組織委員会としての場ではないから、あの発言は良かったということなんですか？」と真意を問うた。

それに対し森氏は、「そうじゃありませんよ。だから組織委員会はとっても良かったと私は言ったんですよ。ちゃんとみんな全部見てから質問してください。昨日の」と、組織委員会は良かったと言ったんだ、不勉強なのはそっちだといわんばかりの答えを返してきた。もちろん私は前日の発言をすべて押さえたうえで質問している。森氏は「発言は組織委員会の場で行ったものでなく、組織委員会自体を貶めておらず、むしろ持ち上げたのに何で追及されているんだ」という認識なのに対し、私は「どんな場でどんな立場で発言したものであろうと、女性蔑視発言は問題である」という認識で質問しており、質問と答えがかみ合わないやり取りだった。

そこで私は質問を変えた。「『わきまえる』という表現を使われましたけれども、女性は発言を控える立場だという認識だということでしょうか」と聞くと、森氏は「そういうことでもありません」と否定したので、「では、なぜああいう発言になったんですか」とさらに問いかけた。森氏は「場所だとか時間だとか、テーマだとか、そういうものに合わせて話していくことが大事なんじゃないですか。そうしないと会議は前に進まないんじゃないですか」と返答した。「それは女性と限る必要はあったんですか」と聞くと、強い口調で「だから私も含めてって言ったじゃないですか」と言い切った。この間、森氏の表情はどんどん険しくなっていった。

さらに私は組織委員会の前に引き合いに出した日本ラグビー協会の女性理事についての発言に関する質問を続けた。「その前段の段階で『私の恥を言います』と……」と言いかけると、森氏は「そういう話はもう聞きたくない」と質問をさえぎり、そっぽを向いた。さらに司会者が、「冒頭、発言の内容に関しては明示的に会長から……」と割って入って来たところで、森氏がいきなりこちらに向き直って「おもしろおかしくしたいから聞いてるんだろ」と怒声を浴びせてきた。

こちらからすれば、投げかけた質問にまだ何も答えてもらっていない。だから、「いや、何が問題と思っているかを聞きたいから、聞いているんです」と続けたのだが、森氏は「だからさっきから話している通りです」と答え、認識の差は埋まらないまま私は質問を打ち切られ、自分の席に戻った。当初の発言に対する森氏の認識が誤っていることだけはわかったが、具体的な言質(げんち)をとれなかったことが悔しかった。

あっけない幕切れ

高谷スポークスパーソンは、私と森氏のやり取りを見て相当まずいと思ったのだろう。「こちらの方を最後の質問とさせていただきます」と前置きして次の記者を指した。

質問に立ったウェブメディア・ハフポスト日本版の濱田理央記者は、「『女性が多いと時間が長くなる』という発言を誤解と表現したが、これは誤った認識だということではないんでしょうか。もし……」と質問を読み上げたが、森氏は再びさえぎって「そういうふうに聞いておるんです」と発言した。

さらに濱田記者が「それはどういう」と水を向けると、森氏は「去年から、一連のガバナンスに基づいて、各協会や連盟は人事に非常に皆さん苦労しておられたようです。（中略）そういう皆さんたちはいろいろ相談にも来られます。そのときに、やっぱりなかなか大変なんですということでした。特に山下さんのときは、ＪＯＣの理事会の理事をかなり削って女性の枠を増やさないといけないということで、大変苦労したという話をしておられて。理事の中でも反対があったり大変だったのを、何とかここまでこぎ着けましたという苦労話を聞いたからです」と述べ、前日の発言は各競技団体の話をしたものだとの認識を明らかにしたのだ。濱田記者が「そうすると、各競技団体から『女性が多いと会議が長い』という声が上がってると、そういう話を聞いたということですか」と確認すると、森氏は「まあ、そういう話はよく聞きます」と答えた。

こうなってくると森氏だけでなく、スポーツ界自体が女性蔑視の思想を持っていることが疑われる。濵田記者はもう一歩踏み込んで、「たとえばどういう競技団体か」と問うと、「それは言えません」と回答を拒否した。また、森発言は「データや根拠に基づいた発言ではないと思うが」と聞くと、「さあ、僕はそういうことを言う人がどういう根拠でおっしゃったかはわかりませんけど。まあ、自分たちが、要するに理事をたくさん選んだけど結果としていろんなことがあったという、そんな話を私が聞いたことを思い出して言っているんで、昨日山下さんにそういうことで苦労されますよこれから、と申し上げた」と答えた。濵田記者はこの回答を受けて「今回の発言で皆さん怒っている。五輪を運営するトップが女性を尊重しない発言をしたと怒っている。森さんの五輪を見たくないという声もネットにある。どう受け止めるか」と問うたが、「いやだから、謙虚に受け止めております。だから、撤回をさせていただきますと言っているんです」と答えたのみで、ついに辞任については明言しないままだった。

「発言に関してはすでに冒頭、会長から申し上げた通りになります。以上で記者会見を終了させていただきます」と、高谷スポークスパーソンがここで再び割って入り、会見を強制的に打ち切った。当初予定されていた、ウェブからの質問が取り上げられることはなかった。

会見が打ち切られたあと、都庁記者クラブの記者たちは憮然として会見場を去った森氏のあとを追いかけていった。番記者の彼らには、森氏や組織委員会幹部のオフレコ取材という仕事があるからだ。カメラマンたちは撤収作業を始めていた。一方、会見場に残るのはクラブ非加盟の記者たち。MBSの三澤記者から「よく言ったなぁ」と声をかけられた。「だって言ってることおかしいですもん」と返したものの、私の中では答えを引き出せなかった悔しさがうず巻いていた。そして、私はある記者のもとへ駆け寄った。私のあとに、森氏の発言を通して競技団体にあるジェンダー平等への意識の低さをあぶりだす質問をしたハフポストの濵田記者だ。名刺交換をし、「全然謝ってないですよね」「ほかの質問でよりひどいこと言ってましたよね」と言葉を交わした。

会見が終わったのは十四時二十分すぎ。私は十五時三十分から始まる「Session」冒頭で会見の取材報告を行うため、晴海をあとにして国会へと向かった。会見出席のために組織委員会本部に滞在したのは一時間に満たなかったのだが、かなり長い時間そこにいた気分だった。中継を見ていた荻上チキさんからLINEが届いていたので、「言質をとれなかった」と返信すると「本音の反応を引き出せた。次の記者の質問に繋げられたよ」とねぎらいの言葉をもらった。

さらに最寄りの勝どき駅の階段をおりていると、見知らぬ番号から電話がかかってきた。「うわっ、怒られる！」と組織委員会関係者か記者クラブ関係者からの着信かと反射的に思い、応答ボタンをおそるおそる押すと、以前記者の対談番組で共演したことのある他社の女性記者だった。「会見を映像で見てました。やりましたね！」。そこまで親しいわけでない記者仲間から、こうした電話を受けるのは珍しい。彼女からの励ましの電話は私の心を明るくしてくれた。二十分程度の会見のほんの数分のやり取りだったが、森氏に対して引かずに、私なりに質問を続けて良かったのかもしれないと思った。

その直後、今度はスマホのTwitterアプリの通知が鳴りやまない状態になった。Twitter上で、会見での森氏と私のやり取りが言及され始め、私のアカウントをフォローしてくれたりメンションしてくれたりする人が増えたのだ。チキさんがLINEで、クリエイティブディレクターの辻愛沙子さんが、「#わきまえない女」のハッシュタグとともに会見の内容や私の質問について言及してくれていたことを教えてくれた。

私の身体にも異変が起きた。地下鉄に乗ると、腹部に鈍痛が走った。昼食はしっかりとったが、当たるようなものを食べた覚えはない。考えられるのは先ほどの会見だけだ。実は質問を終えた直後から、熱い感覚が身体から離れなかった。これまで、芸能人の謝罪会見など、先ほどのものより大きな規模の会見で質問をしたこともあったし、時に相手から凄まれる経験もしてきた。頭の中では、「いつもどおり会見で質問をしただけ」と思おうとしているのだが、元首相に面と向かって「適任じゃない」と言い切った事実の大きさに、身体が悲鳴を上げているようだった。

何とか国会の記者クラブの自席までたどり着き、「Session」でのレポートを終えた。そこに番組スタッフからLINEが届いた。中継を見ていた方が、「#澤田記者」のハッシュタグを作ってツイートしてくれたそうで、それがトレンド入りしたというのだ。私の周りが少し変わり始めていた。しかし腹痛は癒えぬまま、子どもを保育園へ迎えに行き、この日は帰宅した。夕飯を食べながら、妻と今回の森氏の発言について話し合った。

我が家は子どもが三人いるが、すべて女の子だ。妻は「子どもたちが大人になったときに、発言を控えなければならないような生きづらい世の中になっていてほしくない。『わきまえる』という言葉はなくなっていてほしい」と話していた。私が育った家庭は性別役割分業に否定的で、「これからは料理ができない男は相手にされなくなるぞ」と両親から言われ、五歳で包丁を握らされた。その後、高校から大学にかけては社会学系の本を多く読み、大学院も社会学に近い領域で研究をしていたことから、ジェンダー格差、フェミニズムについては理解したつもりで生きてきた。ただ、家庭を持ち、娘ができると、娘に対して厳しめにマッチョな圧をかけている点などを妻に指摘されて、ハッとすることがあった。同時に、子どもたちが大きくなったときには女性が今より生きやすい世の中になっていてほしいと、これまで男性として生きてきた中では思わなかったようなことを考えるようになっていた。森発言を受けてネットで声を上げ始めた人たちの議論の中でも、「下の世代の人には同じ思いはさせたくない」という声を多く見かけた。森氏に怒声で凄まれたとき、私がひるまずに質問を続けられたのは、娘たちが大きくなって社会に出たときに「わきまえろ」と言われたら、私はその発言を決して許すことはできないだろうという思いがあったからだと気づかされた。

結果、一週間近くで約一万人が私のTwitterを新たにフォローしてくれた。会見での質問を通して、ラジオ記者なりの報じ方、というよりラジオというメディアについて多くの方に気づいてもらえる機会になったと思う。

Twitter上では、「記者なのに自分の意見を押しつけている」「年上の人に失礼」などの批判的な反応もあったが、ラジオリスナーの皆さんがたくさんの応援ツイートをしてくれた。たとえば、「(澤田は) おもしろおかしくしようとする人じゃない」「男女格差にまつわる質問をよくしていた印象がある」と、私のこれまでの記者としての報道姿勢を理解してくれたものが多く、炎上という事態にはならずに済んだ。

また、会社宛にも電話やメールで多くの反響をいただいた。さらに、娘の保育園のママ友からは「森会長に真正面から何度も質問して、私たちの聞きたいことを本当に的確に、怯まず聞いてくださり、清々しい気持ち」というメールが届いたり、エッセイストのしまおまほさんが、出演したラジオ番組の中で話題にしてくれたりと、多くの女性から応援の声をもらった。Twitterで直接リプライをくれたり、新たにフォローしてくれたりしたのも女性が多かった。今回の森氏の発言そのものに対する抗議の声の大きさと、「わきまえない」で声を上げていこうとする彼女たちの強い意志を感じた。

会見後、「TBSラジオだけが追及していた」などと会見でのやり取りを書かれることもあった。ただ、ここまで読んでいただいた方はわかると思うのだが、当日会見に臨んだ記者たちはみな、森氏の発言を問題視し、追及する姿勢で会見に参加していた。記者会見は記者と取材対象のやり取りの相互作用で成り立つものだ。「逆ギレ」と称された森氏の態度も、スポーツ団体が持つジェンダー観について明らかにするような発言も、参加した記者たちの質問の積み重ねの上に引き出されている。もし詳細を知りたい方がいらっしゃれば、動画配信メディアにまだ公式の映像が残っているので、森氏の表情とともに是非会見を見ていただきたいと思う。

会見に対する森氏、組織委員会の姿勢

森氏は会見の際にまず手元の紙を読み上げ、お詫びをし、発言撤回を行った。そののち記者と質疑応答を行ったわけだが、やり取りを聞いてわかる通り、森氏は自身の発言のどのような点が問題だったか、理解しないまま会見に臨んでいる。

会見後、BSフジの「プライムニュース」に出演した森氏は、司会者から発言を撤回した理由を問われると、「この話が大変大きな話題になって、特に国際関係にまで影響してくるということであれば、私の話はそこまで細かく外国行って説明するわけにもいかないため、「これは撤回したほうが早い。目の前の大事なオリンピックも近づいているし、そんなことで話題がそちらのほうへ行ってしまってはいけないので、私はお詫びをして撤回をすると申し上げた」と述べている。そもそもの発言についての問題意識の低さと、あの会見を終えてもなお、それが改まっていないことが露見する結果となった。

その一方で、会見当日午前の段階では、森氏は毎日新聞に対し辞意に近い発言をしてお

り、その後の同社の取材でも「みんなから慰留されました。いま会長が辞めれば、IOCはかえって心配するし、日本の信用もなくなる。ここは耐えてください」と組織委員会側から辞意を翻意させられたと語っている。そうなると、発言を「辞任に値しない」と判断し、森氏を会見に送り込んだのは組織委員会なので、その認識も問われる。これについて森氏を慰留した武藤敏郎事務総長は「個人的にやめるべきではないかとか、そういうことを言うのはいかがなものかとその時点では思っていました。（中略）大勢の皆さんの意見をお伝えしたということ」と述べ、あくまでも組織委員会周辺からの声を伝えたまでとの考えを示した。

森氏会見に戻れば、会見場では記者にマスクを外すことを求めたり、NHKの女性記者が名乗った際に、「よくわかっております」とひと言加えたりして、かなり高圧的な態度で会見に臨んでいた。やり取りの中身やその後の発言を聞いて、森氏の認識が改まっていないところを見ると、発言の問題性を認識できず「謝罪会見」だけ行って森氏を続投させようとした組織委員会やその周辺は批判されるべきだと思った会見だった。

電撃辞任、後任人事のゴタゴタ

そもそもの森発言をめぐる各所の対応は様々だった。与党は、自民党の世耕弘成参院幹事長が「余人をもって代えがたい」と述べるなど辞める必要はないとの認識で、政府も発言翌日に当時の橋本オリンピック・パラリンピック担当大臣が「あってはならない」と伝えただけだった。小池都知事も「話が長いのは人によるんじゃないでしょうか」と答えるにとどめていた。また、ＩＯＣも当初は「森会長は謝罪した。この問題は決着した」との声明を発表し、幕引きを図ろうとしていた。ところが、森氏を擁護したかったこれらの人々からすると、事態は望まざる方向へ転じていくことになる。

ネット上では「#わきまえない女」というハッシュタグで異議申し立ての声が上がったほか、森氏の処遇の検討を求める署名が十五万筆集まった。さらにトヨタが「今回の大会組織委員会のリーダーのご発言は、私たちトヨタが大切にしてきた価値観とは異なっており、誠に遺憾であります」と豊田章男社長名義のコメントを出すなど、スポンサーへも波及した。そして、大会運営そのものにも影響をもたらした。組織委員会は週明けの二月八日月曜日、競技運営などにかかわる約八万人の大会ボランティアのうち、森発言の翌日から月曜日までの五日間に約三百九十人が辞退したと公表したのだ。

その後も、森発言をきっかけにしたボランティアの辞退が続くと、それまで幕引きを図ろうとしていた面々が手のひら返しを始める。ＩＯＣは九日火曜日、「森会長の最近の発言はＩＯＣの公約や（改革指針の）五輪アジェンダ２０２０に矛盾している」「完全に不適切だ」とそれまでのコメントを翻して批判に転じ、小池都知事もその翌週に予定されていた森氏、ＩＯＣのバッハ会長、橋本オリンピック・パラリンピック担当大臣との東京オリンピックの四者会談に出席しない意向を示した。ここへ至って森氏の辞任は不可避という様相を帯びてくる。

十一日木曜日の朝刊で、森氏の地元の石川県の北國新聞が「森氏『腹は決まった』 女性発言問題 会長辞任か、十二日説明 五輪組織委の懇談会で」とスクープしてその流れは決定的となった。あの謝罪会見から一週間での電撃辞任劇だった。

森氏の辞意が伝えられると、話題は後任人事へと移っていった。有力視されたのがJリーグの初代チェアマンを務めた川淵三郎氏だった。川淵氏は辞意報道が出た日のうちに、森氏と会談し後継指名を受けたとして、複数回記者団からの取材に答えていた。ただ、川淵氏をめぐっては、過去に体罰を容認するような発言があったこと、愛読書が右派雑誌であることについてネット上などで懸念の声が上がったほか、そもそも差別発言で辞める森氏が勝手に後任を決めるという密室人事への批判が上がった。その結果、十二日に行われた組織委員会の会合で川淵氏は後任会長就任を辞退することになる。

Clubhouseでリスナーと作戦会議

コロナ禍の緊急事態宣言中でありながら、一週間話題になり続けた女性蔑視発言と森氏の去就だったが、いよいよ退任やむなしという事態に追い込まれた。十二日、組織委員会の会合で退任表明の記者会見を行うのだろうとの目論見のもと、私は新しい試みをすることにした。

会合前日の二月十一日に「Session」への出演が決まっていた私は、その日の放送終了後に荻上チキさんと当時話題になり始めていた音声SNS「Clubhouse」を利用して、会見で私が行う質問について、公開の作戦会議をしてみてはどうかとスタッフに提案した。「TBSラジオに注目が集まっている今なら、多くの人に関心を持ってもらえるはず」と野口プロデューサーはすぐに各所を調整してくれて、実現に至った。当日の朝に急遽思いついたにもかかわらず、素速く動いてくれたスタッフのフットワークの軽さ、そして、これまたすぐにGOサインを出してくれた上層部の判断の早さが有難かった。規模が大きすぎないラジオというメディアだからこそできた企画だった。

開始数時間前のTwitterのみの告知、かつ当時はiPhoneしかClubhouseのアプリが使えないなどの制約があったが、千人以上に参加してもらえた。アクティビストの方や大学教授、大手メディアの政治部長、競技団体の関係者など様々な方がいた。

番組側はパーソナリティのチキさん、南部さん、そして私が参加した。冒頭チキさんとともに、森氏の発言内容やそれがなされた状況について整理し、翌日の会見がどういう形で行われるのか予想してみた。当時の報道では、森氏は会合の冒頭で辞任を表明するとだけあって、会見を行うかどうかはわからなかった。国家プロジェクトクラスの大きな組織のトップを務める人物が病気などのやむを得ない理由ではなく、自身の発言によって任期を全うせずに退任するのだから、メディアの前で説明すべきだと思う。しかし、これ以上のオリンピック・パラリンピック開催への悪影響を避けるため、森氏が会見をしないまま幕開きを図る可能性もあった。そのため、「森氏が会見をする場合」と組織委員会のナンバー2である「武藤敏郎事務総長が会見をする場合」の二パターンの質問を考えることにした。その後、参加者からも意見をもらいながら質問案を練っていった。

参加者からは、「辞任が一週間早ければボランティアを辞退しなかった。なぜ遅れたのか？　組織委員会の風通しなど組織の見直しはどうするのか？」「森氏は会長を辞めたあとも組織委員会に籍を置くとの報道があった。交渉役としてかかわるのならば問題があって辞めたことは不問に付されるのか？」といった質問や、「なぜあんな態度になったのか？　組織委員会として会見に向けて準備したか？　森氏とどんなコミュニケーションをしたのか？」「今回の一件で組織としての人権意識のなさが問題になった。民間企業なら研修はあるかもしれないが、組織委員会としてはどうする？」といった組織委員会の体質や今後の対応を問うものが多く寄せられた。

結果、「森氏が会見をする場合」の質問としては、「三日の発言で、組織委員会の女性理事は『的を射た』発言をし『わきまえておられ』ていて、欠員があるなら女性を選ぼうということを言っているが、ラグビー協会の女性理事は『的を射ていない』発言をしているという認識だったということか？」「女性が入った競技団体の会議で不満が出たのか？　競技団体で男女差別意識がまん延しているのではないか？」といった、森氏の発言の根本的な要因を改めて質すものや、「先週は慰留されて辞任はしないと言ったのに、なぜ今回は辞めるのか？」「BSフジではオリンピックに影響が出るから謝ったと発言した。では何のために辞めるのか?」「なぜ川淵さんを後継指名したのか？　問題があって辞める人が後継を指名するのはおかしいのではないか?」といった会見後の発言や行動を問うタイプの質問を用意した。

一方、「武藤事務総長が会見をする場合」は、「組織委員会の事務総長として森氏の発言をどう思うのか?」「先週森会長を慰留した理由は？　その際どんなコミュニケーションをしたのか？　問題点の共有については話されなかったのか?」「トップにつく人向けの差別や男女平等、ジェンダーに関する研修会などなかったのか？　どういうふうに対処してきたのか？　森氏や一般職員は研修を受けていないのか?」など、四日の森氏の会見に至る経緯や慰留の理由、組織委員会としてのあり方を問う質問を練り上げた。

当初数十分程度を予定していた作戦会議だが、多くの参加者の意見表明もあって一時間三十分もの長時間に及んだ。コラムニストのえのきどいちろうさんが文化放送の番組内で、ニュースに対する新しい取り組みの形だと紹介してくれた。

準備万端で会見へ……のはずが

作戦会議で練った質問案を携え、私は意気揚々と会見に向かうつもりだった。ところが、他社の記者と話していて十二日の会見は事前のエントリーが必要と発覚した。四日の会見では「事前に取材申し込みのない方は、取材をお断りさせていただく場合があります」と注意書きがあったものの、事前申し込みなく中に入れたので完全に油断していた。組織委員会からのプレスリリースを見せてもらうと、エントリー締め切りは会見当日の朝十時。そのことに気づいたのが十時五分。終わった。しかし、前日に千人で練り上げた質問を無駄にするわけにはいかない。

組織委員会の広報担当者に連絡し、何とか会見に参加できないかと掛け合った。だが、結果から言うと会見場に入ることは、「密を避ける」目的もありかなわなかった。もちろん、エントリーを見落としていたこちらに非がある。前日に確認しなかったことを本当に悔いた。

ただ、その後組織委員会からはオンラインでの参加は可能だとの回答を得た。前回の森氏の会見のように、質問前に会見自体が打ち切られてしまう可能性はあるが、首の皮一枚繋がった。その間、森氏から後継指名された川淵氏は、カメラの前で事実上の後任辞退宣言をしていた。

後任会長人事が混とんとする中、十五時から組織委員会の臨時理事会・評議員会合同懇談会が行われた。会場には入れないので私はモニター越しに森氏を見ていた。冒頭、発言を求められた森氏は「もうすでに報道されております通り、今日をもちまして会長を辞任いたそうと思っております」と述べ、正式に辞任を表明した。

ただ、その後は「私が余計なことを申し上げたのか、これは解釈の仕方だと思う」「多少意図的な報道があったんだろうと思います」など一連のメディアの報じ方に苦言を呈し、

「誰かが老害、老害と言いましたけど、年寄りは下がれというのはどうもいい言葉じゃない」「老人も日本の国のために世界のために頑張ってきているわけでありますが、老人が悪いかのような表現をされるのも、きわめて不愉快な話」と、自身の発言に全く悪びれることなく、言い訳にもならない言い訳に終始する辞任表明となった。

メディアはこのあと会議場から締め出されたが、懇談会では理事たちから森氏の発言についてたくさんの意見が出て、今回の発言は男女差別の禁止をうたったオリンピック憲章に反するもので、不適切だとの意見が複数示されたという。一方、森氏の組織委員会会長としての手腕は、ＩＯＣからも評価されているとの声も上がったという。また、森氏の発言は不適切だが、そこには組織委員会の構造的な問題があり、会長辞任だけですべてが解決するわけではないのではとの指摘も出たそうだ。ただ、当の森氏は会議を途中退席し、そのまま会場をあとにした。つまり、森氏本人による単独辞任会見が行われることはなくなった。

懇談会の間、記者ブースへ行ってみるとＴＢＳテレビの顔見知りの記者がいた。雑談していると、前回の森会見にも出席し、このあと行われる組織委員会の会見にも参加する同じくＴＢＳテレビの城島記者が現れたので、初めてあいさつを交わした。城島記者が「Session」リスナーだとわかったので、私は前日から今日に至る流れを説明し、作戦会議で考えた質問リストをあいさつ後にメールで送ったところ、いくつかの質問について「私の聞きたいことと同じだったので、質問できたらしますね」と言ってくれた。

そうこうするうちに懇談会は終了し、川淵氏が記者たちと一緒に記者室に入ってきた。川淵氏は「僕の対応が悪かった。すべてのことに対して責任を取って辞退宣言させていただいた」として後任辞退を改めて明らかにした。だが、森会長からの要請だったのかという質問には明確に答えぬまま川淵氏は会場を去り、続いて組織委員会の武藤事務総長と高谷スポークスパーソンのふたりによる会見が行われた。

会見冒頭、武藤事務総長は先に書いたその日の懇談会で出た出席者の意見を紹介し、組織改革の一環としてジェンダー平等に向けた取り組みを行うことを明らかにした。出席者から、「理事会や評議会の女性割合は、求められるレベルからは低いので増やすべきではないか」「理事会の副会長以上の幹部に女性がいない」との指摘があり、理事・評議員の女性比率の引き上げとジェンダー平等に取り組むプロジェクトチームを立ち上げることを決め、後任会長の選任手続きについては透明性を重視するため、候補者検討委員会を設置し、こちらも男女半々で、それからアスリート中心に決めていくと述べた。

その後の質疑応答では川淵氏をめぐる騒動や後任人事、森氏の去就に質問が集中した。質問に当たったTBSテレビの城島記者は、先週森会長は武藤氏に辞任を引き止められたと話していたがその理由は何か、またその際に事務総長からどんなコミュニケーションをとったのかと質問をした。慰留について武藤氏は、あくまでも「組織委員会周辺からの声」を伝えただけだと返答した。

さらに城島記者は、自身の辞任については必要ないと思ったのかと問いかけた。

組織委員会側から「一社一問」というルールを一方的に告げられ、マイクを取り上げられそうになりながらも、果敢に追加質問をしていく城島記者に心の中で拍手を送った。一方、オンラインで参加していた私は、会見の成り行きを見守るしかなかった。私が先方に送った内容は以下の通りだ。「森さんは今回の発言について『解釈の問題』だと言っていたが、武藤事務総長は森さんの発言はどういう点で問題だと考えていますか？　慰留したことは妥当だったのでしょうか？　今後再発防止策や人権研修などを予定していますか？（ほかに考えていることなどあれば教えてください）」。この日の森氏の辞任表明での発言を引用しながら、慰留した武藤氏の問題認識を問う内容だった。

その後、会見はウェブからの質問に移った。最初に取り上げられたのは私の質問だった。ところがこれまでとは異なり、社名と私の名前は読み上げられず、いきなり質問が読み上げられる。先日の会見の余波だろうか。

武藤氏は「ＪＯＣ評議委員会における発言の話だというふうに思いますが、（中略）発言の内容は、極めて不適切なものであるというふうに認識しています。会長のお気持ちというのは多分いろいろあるとは思うんですけれども、（中略）どういう思いであったかっていうことではなく、発言そのものが適切であったか、不適切だったかというふうに考えるべきだと思っています」と答えた。森氏の「解釈の問題」という発言は「極めて不適切」だと断じている。ただ、武藤事務総長がどういう点で問題だと考えているかは答えを得ることができなかった。現場ならば、「それでは質問に答えていません」と「更問い」

することができるのだが、オンライン参加の限界を感じた。

会見終了後、私は司会者の高谷スポークスパーソンのもとへ走った。なぜTBSラジオの社名は読み上げられなかったのかを問うと、「あ、そうですか。忘れてました」とだけ返された。確かにほかの記者の質問を高谷氏が読み上げた際には「TBSラジオさんの質問と似ているんですが……」と言っていたので、本当に忘れていただけかもしれない、とこの時点では思った。会見に参加できなかった顛末も含めて、その日放送された「Session」や「アシタノカレッジ」のOAでかなりの時間を割いて話すことができた。転んでもタダでは起きない。転んだことすらニュースにするのがラジオイズムなのだ。

橋本会長の誕生、女性理事の就任、組織委員会のジェンダー平等

森氏の辞任の翌週、新たな会長選任に向けた動きがあった。キヤノン会長で組織委員会名誉会長を務める御手洗冨士夫氏を座長とする検討委員会が組織されたのだ。

メンバーはJOCの山下会長、元体操選手の田中理恵氏などアスリートを中心に組織され、ジェンダー平等を意識して選考委員八人の内訳は男女同数となった。検討委員会は複数回会議を行い、当時の橋本オリンピック・パラリンピック担当大臣に新会長就任を要請した。森氏の会見からちょうど二週間後の二月十八日、組織委員会は理事会と評議員会を開き、橋本氏が新しい組織委員会の会長に就任した。就任会見で橋本新会長は「今回の出

来事で多くの方は組織委員会が大会を契機としたジェンダー平等の推進にいかに取り組もうとしているか、大会を注目されているというふうに思います」と述べた。その後の質疑応答では二〇一四年の橋本氏のセクハラ・パワハラ報道について質問され、「自分自身が身を正して」、「ジェンダーをはじめとする多様性と調和というものを、どのように新たな改革の中で東京大会組織委員会として世界に打ち出すことができるか」と語った。

橋本会長は早速、組織改革に着手し、三月には組織委員会の理事に新たにシドニーオリンピックメダリストの高橋尚子氏ら女性十二人を選任し、女性比率を四割にまで引き上げた。さらに、ソウルオリンピックメダリストの小谷実可子氏をトップとする「ジェンダー平等推進チーム」を立ち上げ、組織委員会の立場からジェンダー平等に向けた取り組みを始めた。

ただ、組織委員会をめぐっては、開会式演出の統括を務めていたクリエイティブディレクター・佐々木宏氏が、女性タレントの容姿を侮辱するプランを提案していたことが週刊誌に報じられ、結果責任者を辞任するなど、東京オリンピック・パラリンピック周辺でのジェンダー意識の低さが輪をかけてあらわになった。

「声を上げる」大事さ

だが一連の報道で言えば、これまでと異なったこともある。森会長の発言に対して、多くの人が声を上げたことだ。報道に携わる女性たちもカメラの前で異議申し立てをした。

フリーアナウンサーの高島彩さんはテレビ朝日「サタデーステーション」で、「私自身もこれまでああいった発言に対して嫌悪感を抱きつつも、どういなして、そして物事を先に進めていけばいいのか、そういったことを考えてやってきたことも」あったと述べ、「そういった対応の仕方が、差別的な発言を容認するような空気を作っていたのかなと反省するところも多くあります」と自身の対応を振り返った。さらに高島アナは「今回のことを社会全体が自分のこととしてとらえて、意識を変えるきっかけになれば、あの発言も少しは意味のあるものになるかもしれ」ないと語った。

また、テレビ東京のアナウンサー大江麻理子さんは「ワールドビジネスサテライト」で「多くの方が、またか、とスルーしそうになるんですけど、社会全体が『あーあ』と思ってスルーしたり傍観してきた結果が、今に繫がっている感じもあるんですよね。傍観しているだけだと、容認するのと同じ結果を生むということが今回わかったと思う」と話した。「私は、普段自分の意見をあまり言わないのですが、今回は言わなければならないなと感じ」たと語ったのが印象に残った。

ここで今一度、森氏の発言をメディアがどう報じたかを振り返ってみよう。森氏が問題の発言をしたのは二〇二一年二月三日。主要メディアがこれを報じた時間を書き出してみて、気になることがあった。以下は主要新聞社、通信社のウェブ版のアップ時間だ。

朝日新聞　十八時四分　「『女性がたくさん入っている会議は時間かかる』森喜朗氏」
共同通信　二十時三十九分　「組織委の森会長『女性入る会議時間かかる』」
毎日新聞　二十一時十五分　「森喜朗氏『女性がたくさんいる理事会は時間がかかる』JOC評議員会で」
日経新聞　二十一時十九分　「森喜朗会長『女性が多い理事会、時間かかる』」
産経新聞　二十一時四十六分　「『女性入ると時間かかる』森氏、JOC会議で発言」
読売新聞　二十二時十七分　「組織委・森喜朗会長『女性がたくさんいる理事会は時間かかる』」

これを見てわかるのは、同じ場を取材していたにもかかわらず、各紙で報じた時間が大きく異なること、そして朝日新聞の報道の速さだ。

知人の朝日新聞記者に聞いたところ、現場となったのがJOC＝日本オリンピック委員会の会議だったので、多くの社でスポーツ担当の記者が取材していた。そのため、森発言をどう扱ってよいかわからなかった記者も多かったのではないかと言っていた。会議を取材し、いち早く報じた朝日新聞スポーツ部の照屋健記者が感じた違和感についてはハフポスト記事「『83歳の冗談じゃないか』という声も上がるスポーツ界の空気感。森喜朗氏の発言、取材現場で感じたこと」に詳しく書かれている。

続いて、私が働く放送メディアはどうだろうか。その日のうちにこの件を報じたかどうか、すべての局について確認することができなかった。ただ、確認できた中には新聞メディアと比べて半日以上遅れて報じた局があった。この問題はニューヨーク・タイムズはじめ、海外メディアも早い段階で報じていた。にもかかわらず日本のテレビ局はスタートが遅すぎると言わざるを得ない。のちにある局の海外特派員に話を聞けたが、「地元メディアが記事をウェブに上げたから、反応記事を入稿しようとしたら、自分の局で記事が書かれていなくて驚いた」と日本の放送メディアのこの件に対する意識の低さを嘆いていた。

私の所属するTBSラジオはと言うと、報じたのは二月四日の朝五時台のニュースだ。新聞や通信社と比べて遅い。前出のように共同通信の記事が来たのが三日の二十時半過ぎだったため、泊まりデスクはそれから記事を書き、翌朝の放送となった。

だが、TBSラジオでは平日二十二時から放送している「アシタノカレッジ」の中にニュースコーナーがある。私自身は朝日新聞のウェブ版がアップされた時点で森氏の発言を把握していたわけで、TBSテレビで取材をしていた部署に確認するなどしていれば、ニュースとして出すことができたのかもしれない。「アシタノカレッジ」のパーソナリティを務めるキニマンス塚本ニキさんはジェンダー問題について見識のある方なので、もしニュース項目に入っていればすぐに反応してくれただろう。リスナーにいち早く届ける機会をつぶしたことになった。このことは本当に申し訳なく思うし、私自身も含め、メディア業界のジェンダーに関する意識の低さを反省せざるを得ない。

我々メディアはこれまで高齢男性政治家の発言に対し、ずっと甘い態度で報じ、それを黙認し続けてきた。たとえば、森氏は先述したような失言のほかにも二〇一九年に講演で「いかにも年寄りが悪いみたいなことを言っている変なのがいっぱいいるけど、間違ってますよ。子どもを産まなかったほうが問題なんだから」と述べ、麻生太郎副総理兼財務大臣（当時）は財務省事務次官のセクハラ問題に関連し、「財務省担当はみんな男にすればいい」「セクハラ罪という罪はない、殺人とは違う」と発言し、二〇一六年の都知事選で石原慎太郎元都知事は、「大年増の厚化粧がいるんだな。これが困ったもんで」と発言した。これらの発言直後はメディアも一応は批判するものの、彼ら老政治家の失言を「〇〇節」といって、おもしろがって取り上げてきた。そのことが今回の件を報じる初動の遅さに表れているのではないか。「森さんがまた言ってるよ」で済ませようとしたならば、その罪は本当に重い。

しかし、我々が生きる社会はアップデートされ続けている。市民の声がSNSによって広く世間に届くようになり、これまでは黙ってきたメディア業界内の女性たちが番組や紙上で声を上げ始めた。メディアから変わらなければいけない。そのきっかけになる一件だ

った と感じた。

にもかかわらず、その後もテレビ朝日系列の「報道ステーション」のCMが女性は真面目な報道番組を見ないとレッテル貼りをして炎上し、しかしそのことについて明確な総括は行われないままだった。また私がかつてスタッフをしていた「サンデーモーニング」で男性コメンテーターによる女性蔑視発言があり、その謝罪コメントを本人ではなく女性アシスタントが読み上げるなど、メディアのジェンダー意識を問い直さざるを得ない事態が相次ぎ起こっている。

そういった事案が起こるたび、メディアも永田町に負けず劣らずの男社会だと私は感じる。日本民間放送労働組合連合会（民放労連）は二〇二一年五月、「全国の民放の七割が女性役員ゼロ」という調査結果をまとめた。それによると三月までの一年間の調査で、地方の系列局・独立局も含めた役員千七百九十七人のうち、女性はわずか四十人で二・二パーセントしかいない。しかも、九十一社では、役員が全員男性だった。私が所属するTBSラジオも例外ではない。役員のすべてが男性、かつ部長以上の管理職もすべて男性だ。他社の現場の記者やディレクターの話を聞いても、ジェンダーに関する企画については、男性上司の感度が低いゆえに通りづらいという話は日常的に聞く。

また、放送局には男子校出身者が多い印象がある。二〇一九年に私が所属する民放クラブの男子校出身率を調査したとき、国会でよく顔を合わせている加盟十二社のうち、七社の記者が男子校出身だった。また、同じ年に調べたTBSテレビ政治部の男性社員のうち四割が男子校出身者だった。ちなみに、今現役の記者たちが高校生だった頃の全国の高校に占める男子校の割合は、多く見積もっても五パーセント未満程度なのを考えると、相当高い比率と言える。

ただ、これはメディア業界に限った傾向ではない。有名企業には高学歴者が集まる傾向がある。日本では高偏差値の大学の合格者に占める男子校出身者率は相当高く、それがそのまま企業にも反映される。政界も、財界も、法曹界も、そこにいる男性たちの出身高校を調べていくと男子校率は相当に高くなることは想像に難くない。報じられる側だけでなく、報じる側も学生時代から続くホモソーシャルなコミュニケーションに浸り切っており、その空気感が職場にもそのまま温存される。自分の周りでも森氏のような発言を見聞きしている現状があり、とても糾弾などできる立場ではないと思うときもある。

自分も含め、強く意識を改めていかないと、こういった事象は必ずまた起こるだろう。その都度、なぜこういうことが起きたのかに真摯に向き合っていくことが必要だと考える。そのためには男性である自分が「わかっていない」前提で、何が問題なのかまずしっかりと女性たちの話を聞くこと。それを周りと共有すること。そして、男性同士で指摘し合える環境を作っていくことが重要だと考える。そもそも、ジェンダー的に問題のある発言や表現は決定権者に男性しかいないところで起こりがちだ。かかわるスタッフ間のジェンダー平等を進めるのと同時に、何かを決めるときにその場に女性がいるということを当たり前にするところから始まるのだと思う。ジェンダー意識が欠如したメディアの対応については、自社・他社を問わず私は逐一番組内で触れるようにしている。目を瞑らずに向き合うことが、メディアに対する信頼に繫がっていくのではないかと思う。

国民感情は無視！　オリンピック・パラリンピック関係者取材

森氏の一件以降、私はたびたび組織委員会の会見を取材するようになった。二〇二一年の春、年明けから続いた緊急事態宣言を前倒しして解除した大阪府で感染が拡大し、それを追うかの如く東京の感染者数も増加した。いわゆる第四波だ。それと前後して、海外由来の変異ウイルスが国内に流入したため水際対策が強化され、日本人以外の入国が事実上制限される事態となった。組織委員会は三月、東京オリンピック・パラリンピックの海外からの観客受け入れ断念を決定した。一方で、国内の観客上限、また開催そのものについては開会式まで三ヵ月となった四月時点でも決まっていなかった。東京が三度目の緊急事態宣言に入るタイミングで行われたＩＯＣの会見で、バッハ会長は「東京五輪とは関係がない」と発言して世論の反発を招いていた。

東京オリンピック・パラリンピックをめぐっては、ＩＯＣ、ＩＰＣ（国際パラリンピック委員会）、組織委員会、国、東京都による五者協議という場で重要事項を決めていた。四月の五者協議の冒頭、バッハ会長は、

「緊急事態宣言が発出されております今、この時点におきまして。我々は心からそれを尊

重いたします。これだけ勤勉に、日本の当局の皆様が日本人の国民を守ろうとしておられるということを、非常に賞賛したい」

などと日本人を持ち上げながら、開会に向けて前向きな発言を繰り返した。

一方日本側の組織委員会の橋本会長は、五者協議後の会見で、「無観客という覚悟は持っております」と述べ、感染状況と世論の動向を見守りたいとの意向を示した。

何が何でも開催したい気持ちを隠さないIOCと、開催のためには世論を気にしなければならない組織委員会というふたつの組織の温度差はこれ以後も大きくなっていき、五月二十一日に行われた合同会議でついにそれが顕在化した。この日は、来日する関係者の数を当初の十八万人から七・八万人に削減すること、医療従事者の確保などについて話し合われた。この時点でもまだ観客をどれほど入れられるかの上限は決まっておらず、感染が拡大した場合についての見通しが全く立たない状況だった。

会議終了後の会見でIOC側の窓口を担当するコーツ調整委員長に対し、東京新聞の原田遼記者が「開催期間中に緊急事態宣言が出されても開催しますか」と質問を投げかけた。それに対しコーツ氏は、緊急事態宣言下ですでにテスト大会が行われていることを理由に、「あなたの質問に対する答えはYESだ」と答えた。私は原田記者の質問に重ねてこう聞いた。「分科会の舘田（一博）委員が緊急事態宣言下の開催について問われ、『その状況の中ではできないと、そういうことはあってはならないというふうに多分みんなが思っている。少なくとも私は思っている』という発言がありましたが、それでも開催できると考えているのか」。これに対しコーツ氏は「WHOにアドバイスをいただいている。対策や措置を十分に講じているし、安全かつ安心な大会を開催することができる、これは緊急事態宣言下であってもなくてもだ」と答えた。

橋本会長は、「なんてことを言うんだ」と苦虫をかみつぶした顔をしながら、「医学的、科学的な知見を結集して、そして万全の体制で安心安全の大会ができる努力をしていく」と展望を述べた。しかし、私は「緊急事態宣言下での」開催可否を問うているので、すかさず、「開催できるということか」と質問を重ねた。橋本氏は「できるということを確信しながらですけれども、何よりもやはり医療への影響、支障をきたすようなことがあっては非常に難しい」と述べざるを得なかった。

私がここで問いたかったのは、IOCと国内の温度差だった。開催に前のめりになっているIOCはポジティブな発言を繰り返していたが、日本国内の世論調査を見ても、開催に懐疑的な声が少なくなく、橋本会長らは世論を逆なでしないよう腐心していたといっていい。そんななかコーツ氏は日本の医療の専門家たちの心配の声を無視し、「緊急事態宣言下であろうとなかろうと開催する」と高らかに宣言したのだ。このことが報じられると、IOCの日本国内の状況の「無理解ぶり」に批判が集中した。私はこの一連の経緯や更問いを含め、会見直後に出演した「アシタノカレッジ」内で速報的に報告した。

このコーツ発言は、日本国内でも大きな反発を生み、結局オリンピック開会直前まで、世論調査ではこの夏の開催に反対する声が多数という事態を引き起こす要因のひとつになった。

大会のおよそ十日前となる七月十四日、来日したＩＯＣのバッハ会長が首相官邸を訪問し、菅首相（当時）と会談した。菅首相は「すべての参加者が感染対策をはじめ、適切な行動をとることが国民に対しての理解、大会成功には不可欠。徹底にぜひ努めていただきたい」と述べ、感染対策をしっかり行うようクギを刺した。これに対しバッハ氏は「日本には隠れたヒーローがいる。それは医療従事者だ」とまたいつもの調子で話し始め、「ＩＯＣのスタッフは一〇〇パーセントワクチンを接種していて、日本の国民の皆様にリスクを持ち込むことはない」と語った。バッハ氏があまりに饒舌なため、予定されていた時間を大幅にオーバーした会談となった。

取材を重ねるうち、私はバッハ会長の認識を質したいと思うようになっていた。しかし、私はオリンピックのメディアセンターで開かれる会見の取材はできない。取材パスがないからだ。オリンピック競技や関連の会見を取材するには一年前から取材パスを申請しなければならない。ＴＢＳラジオではパスを三枚しか取得できず、私はそれを持っていない。それゆえ、私はバッハ氏に直接質問できるチャンスはこの日しかないと狙っていた。

バッハ氏が官邸でぶら下がりを行う予定はなかったが、応じる可能性に備え、各メディアは準備をしていた。集まった官邸詰めの記者たちは前日にバッハ氏が橋本会長と面会した際に「最も大事なのはチャイニーズピープル」と言い間違った件について、「今日は『ジャパニーズピープル』を繰り返していて（昨日の）言い間違いを気にしていた。なんでジャパニーズピープルと繰り返したか聞こうか」などと談笑し、エントランスの空気はどこか弛緩(しかん)していた。

菅首相との会談を終え、バッハ氏が出てきた。報道陣を無視してそのまま出て行くこともできたのに、よほど上機嫌だったのかカメラに吸い寄せられるようにこちらにやってきた。そして、菅首相へのあいさつを繰り返し「我々が日本国民にコロナのリスクを持ち込むことは絶対にない」と断言。続けてコロナ対策が盛り込まれた大会規約集、プレーブックは機能していると述べた。メディアに対しては「アスリートたちは多くの困難を乗り越えてやってくる。皆さんにはぜひあたたかく迎えてほしい」と注文をつけた。

発言を終えるとバッハ氏は「質問を一問だけ受けましょう。菅首相と約束したコロナ対策をしなきゃいけないからね」と陽気に言った。「誰も質問に行かない」そう思った私は一瞬の隙を突いた。

「プレーブックが守られていないという報道もあります。リスクはすでに持ち込まれているのではないでしょうか、約束違反ではないんですか」

私の質問で、バッハ会長の顔がみるみるこわばっていく。

「日本国民にリスクとなるようなプレーブックの違反があったという報告は、私のところには届いていない。(中略)聞いたところによると、八千件強の検査が行われており、そこから陽性が判明したのは三件のみだと聞いている。(中略)検査体制は、きっちりと機能している」

そう述べると、時間がないといって官邸から足早に去って行った。ＩＯＣに密着取材していたカメラクルーが、バッハ氏を記念撮影しようとしていたが、その間もなかった。

私がこの質問をしたのには理由があった。この間、組織委員会やＩＯＣ関係者は「プレーブックを守っているから安全だ」「コロナ対策は万全だ」と繰り返してきた。しかし、現実は全く異なっていた。

プレーブックでは入国後の隔離期間が終了しても指定施設外での飲食が制限されていた。だが、この時点で来日したスタッフが六本木で飲酒をしたうえマンションに不法侵入し、尿検査の結果、麻薬取締法違反で逮捕されていた。

「リスクを持ち込まない」というバッハ氏の発言とは矛盾した事象がすでに起きている。その趣旨で質問したところ、バッハ氏は国民のリスクとなるような違反はないと答えた。つまり、プレーブックの違反があった（が、リスクにはならない）と、違反があったこと自体はあっさり認めてしまったのだ。いずれにせよＩＯＣが首相に示した「プレーブックは機能していて問題ない」という話とは大きなズレがあることが露呈した。

組織委員会の対応のまずさは開会後も続いた。組織委員会が安全安心と言ったバブル方式については、来日した選手やメディア関係者が滞在先のホテルから自由に外出していたことが野党の追及や報道で明らかになり、大会後にはバッハ会長本人が銀ブラする様子が報じられて批判を浴びた。また、ＴＢＳテレビ「報道特集」が会場で十三万食もの弁当廃棄を行っていたことをスクープし、大会後にガウンなどの医療器具が大量に廃棄されていた事実も明るみに出た。

こうした不誠実な対応はパラリンピックにおいても顕在化した。オリンピック閉会後の八月半ば、IPC、組織委員会、国、東京都の四者協議が行われ、パラリンピックの無観客開催が決まった。その後に開かれた会見で、記者から今回の判断について専門家の助言を受けたのかと問われた組織委員会の橋本会長は、「政府分科会の尾身会長の提言においても、しっかりと管理することができる学校連携などについては（中略）、感染症対策を講じた上で観戦させるということはいいのではないか」と言われていると答えた。しかし、その尾身会長の提言は、都内で一日五千人の新規感染者が確認され、二万人が自宅待機するような切迫した事態になる前に出されたものだ。現在の危機的状況には当てはまらないのではないかと私が更問いしたところ、橋本氏は「組織委員会内の専門家組織ラウンドテーブルから意見を聞いている」と述べ、先ほどとは異なる発言をしたのだ。

また、四者協議後に出されたステートメントには、感染拡大した場合は再度、四者協議を行うとの一文が盛り込まれていた。災害レベルと言われていた当時の感染状況以上に悪化する事態とは、一体どのようなものを想定しているのかも聞いたが、組織委員会の武藤事務総長は「今の時点では申し上げることはできない」と述べた。公式会見のたびに言うことがコロコロ変わり、ステートメントの中身についても明確に答えられない。オリンピック・パラリンピック取材をめぐっては一事が万事このような感じで、誠実さのかけらもないと感じた。

組織委員会の会見を取材するようになり、もうひとつ気づいたことがある。大会の開催可否や安全対策の中身について、厳しく追及するメディアとそうではないメディアがかなり明確に分かれていたのだ。

前者は、会見でも関係者の行動リスクについて首相に質問していたラジオ・フランス／リベラシオン紙の西村カリン記者をはじめとする海外メディア、国内ではウェブメディア、フリーランス記者、東京新聞、そして我々TBSラジオといったところだろうか。後者はそれ以外の国内メディアだ。オリンピックのパートナーや、放映権を持っているメディアの追及はわかりやすく鈍りがちだった。もちろん記者によってその度合いは異なるので一概には言えないし、朝日新聞がオリンピックのスポンサーに名を連ねながらも社説で開催中止を求めた事例もあるので、あくまで取材パスを持っていない私でも参加できた会見においてではあるのだが、肌感覚としてメディア間の温度差が最後まであったという印象だった。

オリンピックの開催数日前まで、この感染状況で開催してしまって大丈夫なのかという報道をしていた側が、いざ開会してしまうと、一転して開会式の演出や、「メダリストは○○が好き」といったことばかり伝えるようになった。TBSラジオにもオリンピック・パラリンピックの放送枠が設けられたし、自分たちだけが正しいと言いたいわけではない。しかし、オリンピック・パラリンピック開催によって、確実に国内メディアによる新型コロナ関連の報道は減った。オリンピック開催期間中に、新たに新型コロナ陽性が判明した人は全国で十七万人を超え、医療体制を圧迫していたにもかかわらずだ。オリンピック・パラリンピック報道により、メディアに対する信頼が揺らいだと感じているのは私だけだろうか。

そして、日本では一度決まったことを覆すのがいかに難しいかということも感じた。二〇二〇年の春、五輪開催は確かに一度は先送りされた。しかし二〇二一年夏、新規感染者数は前年よりはるかに増えていたが、結局開催中止には至らなかった。国、自治体、スポンサー、そして中継を行う我々メディア……関係する利害関係者の多さがその背景にある。

開催前の世論調査では、コロナ下の五輪開催に対して反対意見が多く見られた。なぜ開催するのか、組織委員会やＩＯＣ、政府の説明は国民の不安を払拭する内容ではなく、非常に不誠実なものだった。だが開催中止に至る大きなうねりに繋がらなかったのは、メディアの追及の弱さが影響しているだろう。メディアが追及される当事者になると、国民の側に立った「大きな」声が上がらない――業界の一員としてそう思いたくはないが、五輪開催を通して、世間にそのような疑念が生まれてしまったのではないか。「それはおかしい」としつこく声を上げる、そんな当たり前のことを改めて突きつけられたオリンピック取材だった。

第四章

国会はいかなる場所か

ニュースの現場を歩く

国会担当ラジオ記者は何をしているのか？

ラジオ記者は絶滅寸前という話を書いたが、何度も言うようにTBSラジオの国会担当記者は、二〇二一年現在、私ひとりだ。

日々国会のあれこれをウォッチしているが、私が何時ごろ出社しどんな取材しているのかは、誰もウォッチしていない。たぶん上司も知らない。そこで、ここからは知られざる国会担当記者の仕事について、もう少し書いていきたい。

さて、国会と言えば屋根が特徴的なあの国会議事堂だが、実は「国会」とは議事堂だけでなく、各議員の事務所が入っている議員会館などを中心に構成される施設群の総称だ。議事堂以外にも敷地内には、委員会が行われる分館が衆参それぞれにある。議事堂と議員会館は地下通路で繋がっていて、周辺の地下通路は東京メトロ国会議事堂前駅や永田町駅に直結しているので、議事堂を一度も見ない日も珍しくない。

国会内部には銀行、郵便局、診療所、理髪店、保育園、薬局、書店、コンビニ、土産物店もある。食堂は、議事堂内だけで衆議院と参議院に加えてもうひとつ、あわせて三つあり、議員会館にも衆参それぞれある。このほかにそば店が三軒、カフェやカレー店、牛丼チェーンの吉野家もある。国会会期中は午前と午後の質疑の間に昼食をとることになるため、議員や記者の間では手短に食べられるそばやカレーの人気が高い。昼食時に国会内のそば屋にいたとき、ある小柄な女性議員がもりそば四枚を一気に食べているところに遭遇して度肝を抜かれた経験がある。この方に限らず、国会議員は健啖家が多いなと実感する。やや誇張して言えば、朝からステーキを食べられるぐらいの強靭さがなければ、政治家は務まらないのだと思う。

私の基本的な勤務体系は、月曜日から金曜日の平日九時に出社し、十八時過ぎに仕事を終えて帰る、ごく普通のものだ。ただ、出社する先は会社ではなく、国会だ。「国会記者証」という各メディアに発行される写真つきの取材パスのようなものと、「記章」と呼ばれるバッジをセットで持ち歩いていて、提示して中に入る。このふたつがないと日頃いくら国会内で取材していたとしても中に入ることはできない。長年国会で取材していると、国会内の警備を行っている衛視さんとも顔見知りになるが、記者章を忘れたので今日は顔パスでということは絶対にない。

国会に常駐している私のような記者はどこかしらの記者クラブに所属しており、各クラブの部屋には各人ごとのデスクがあり、そこで記事を書く。官邸担当ならば、首相官邸か官邸と道路を挟んだ向かいの国会記者会館内にある官邸クラブへ、与党を担当する記者なら、自民党本部か国会内の平河クラブへ出勤する。私はラジオ社と地方局などが加盟する民放クラブへと向かう。本会議場を見下ろせる衆議院の三階にある。クラブ内にあるＴＢ

Sラジオのデスクには、電話や本社と中継ができるマイクなどの機材がセッティングしてあり、「Session」や「ネットワークトゥデイ」への出演はここから行っている。

国会担当ラジオ記者の大事な仕事のひとつに、ライン送信業務というものがある。今でこそ衆参両院それぞれのインターネットサイトで国会中継を見られるようになっているが、テレビやラジオで放送する音声や映像は今も自分たちでマイクを立て、カメラを入れて収録している。そのうち音声部分を担当しているのが、わが民放クラブだ。民放クラブの国会音声はラジオ局だけでなく、国会内のクラブに加盟するテレビ局、新聞社、通信社にも配信されている。クラブ加盟社は一社あたり月に数回、持ち回りでこの配信業務に携わることになる。

私がずっと記者クラブに詰めているのかと言われればそうではない。第一章で書いたように、会期中の国会では様々な記者会見が行われているため、そちらに赴き取材もする。ただ、ひとり記者の私が参加できる会見はおのずと限られ、どの会見に参加するかの選択がキモだ。

私が特に重視しているのは国会の法案審議の動きを握る、国対委員長のぶら下がり会見だ。野党は水曜日朝に「野党国対連絡会」という会議を行っていて、そこで懸案となっている法案について、野党側の要望をまとめる。そのあとに与野党の国対委員長会談が行われることが多く、さらにこの会談後に行われる与党側、野党側それぞれのぶら下がりの温度感で、国会での法案の進行具合を読み取ることができる。

国対は、法案について「早く採決したい」「いや、外部の参考人を入れた質疑が必要だ」などと与野党で意見をキャッチボールしながら、成案が得られるように調整していく場で、まさに国会の最前線だ。だからこの会見だけは外せない。このほか、自民党の幹事長や野党党首クラスの会見は、政府が打ち出す政策や、そのときどきの世の中の事象に対する党としての公式コメントが聞ける場で、同じく重要だ。

会見取材以外は何をしているかというと、第一章や第二章でも書いたように議員会館を回り、議員本人や秘書と情報交換をすることが多い。やり取りする内容は政策や政局のことばかりでなく、議員の地元の話題、スポーツや最近読んだ本といった雑談のときもある。こういった日常的なやり取りで関係作りをしておくこともやはり大事な仕事だ。

これもすでに書いたが、記者によってはさらに議員や秘書、党や省庁の職員と仲良くなるために夜に「懇談」という名の飲み会をセッティングして関係性を深めることが多い。

昨今では政治部の現場にも働き方改革が浸透しつつあり、懇談取材による残業がそこまで推奨されなくなってきている。私がテレビの政治部に出向していた八年前とは、取材についての考え方が変わってきた印象があるが、それでもキャップ・デスククラスの記者たちは身を粉にして働き、さらに飲みに行き政局ネタをとっていた世代だから、なかなかそういう働き方が改まらない面もある。だが、新型コロナウイルスの影響で毎日のように飲み会を開いているという話は聞かなくなった。

私は酒が弱いのと、子どもの送り迎えなどの家事、育児があることを理由に、コロナ前から懇談取材はほとんど行っていなかった。あっても月に一度程度だろうか。以前、与党の年配議員から夜九時ごろ電話がかかってきて、「赤坂で今から飲むから来い」と誘われたが、子どもの寝かしつけがあったので断ると、二度と誘われなくなった。そのような感じだから、一部の男性議員からすると、私は飲み会にも行かないつまらない記者だと思われているのだろう。

それもあってか私が話を聞く議員は必然的に昼に会いやすい議員、とりわけ女性議員が多くなった。私が子連れで保育園に向かう途中に遭遇した議員もいて、親近感を持ってくれた人も多かった。私が彼女たちに聞く話も、政局についての話は少なめで、多くが生活にまつわる個別具体的な政策や国会のジェンダー平等のあり方だったりするので、ほかの記者とは違う立ち位置存在として認知されているのかなと感じる。

国会が好きすぎるラジオ記者

政治記者たちは議員会館回りと懇談取材を繰り返しながら、他社に先駆けて報じる独自ネタを探す。この独自ネタをつかむことに血道を上げている。具体的に独自ネタとは何かというと、総裁選でA派閥とB派閥が組むとか、内閣改造の際の大臣人事だとか、政局がらみのものが多い。そこにあまり価値を見出せない私は、独自ネタを狙う戦いから半ば降りているところがある。誰が大臣になるかをいかに早く伝えることに全力を懸けることよりも、新しくついた大臣が何を話し、どういったことを実行しようとしているかをしっかりとリスナーに伝えることが、我々の生活にとって重要だと思うからだ。

逆に、私の考える独自ネタは、メディアで初めて報じた森友学園問題や、新型コロナの接触確認アプリ「COCOA」の通知が利用者に届いていなかったことなど、隠されていた問題を白日の下にさらすことだ。決して見逃してはいけない事柄に対して、立ち止まって声を上げることが、私の目指す報道でもある。

私には、他社の記者に負けないと自負する得意の取材分野がある。第二章でも述べた、国会質疑である。国会のやり取りをつぶさに見ていくと、政府や大臣の思惑や個々の法案が持つ問題点や矛盾が見えてくる。ここ数年、問題をいくつもはらんだ法案が何度も提出されたことは皆さんの記憶にも新しいだろう。ラジオのリスナーの反応を見ても、国会の質疑や大臣の発言を含め、政策について細かくしっかり報じることへの需要が高まっているように感じる。

二〇一八年の通常国会に提出された働き方改革関連法案の中では、裁量労働の拡大をめぐり、「裁量労働制の労働者が一般の労働者より残業時間が少ない」という厚労省のデータが、実は不自然に操作したものだと国会の質疑などから明らかになり、政府がこの部分を切り離さざるを得なくなった。

二〇二〇年の通常国会に提出された検察庁法の改正案は、当時の黒川弘務・東京高検検事長の検事総長就任含みの改正だと野党側が主張。黒川氏の定年延長に関して、質疑の中で立憲民主党の山尾志桜里衆院議員（当時）が、一九八一年の国会質疑で政府が検察官には国家公務員法の定年規定が「適用されない」と答弁していたことを明らかにした。「#検察庁法改正案に抗議します」のハッシュタグを用いたTwitterデモが行われ、世論のあおりを受けて政府は成立を断念した。

さらに二〇二一年の通常国会に提出された入管法改正案については、名古屋出入国在留管理局で同年三月、スリランカ人女性のウィシュマ・サンダマリさんが亡くなったことに関し、野党が国会で法務省に入管施設の監視カメラ映像の開示を求めても応じず、入管行政の閉鎖性がたびたび指摘され、法案成立の断念が決まった。

いずれも、国会質疑において問題点が次々と指摘され、それをメディアが逐一伝えたことによって世論が喚起（かんき）され、政府与党が法案成立を断念する流れをたどった。今、まさに政局以上に国会質疑を報道することが重要になってきていると言えよう。

国会には本会議と委員会というふたつの話し合いの場がある。国会の主な仕事は「法律を作る」ことと「予算（お金の使い方）を決める」ことだ。衆参合わせて約七百人の国会議員全員が集まって、一つひとつの予算や法律作りを検討していたらいつまでたっても話し合いが終わらない。そこで国会では、委員会という小さなグループを作り、そこで詳しく話し合ってもらい、本会議でみんなで採決をして決めるという手順をとっている。

衆議院、参議院にはそれぞれ常設の委員会が十七ずつ、そのほかに震災復興や消費者問題といった個別具体的なことを話し合う委員会がいくつかある。先述したように民放クラブでは国会質疑を加盟社に音声配信しているのだが、回線の都合でラジオとして同時配信できるのは二回線まで。日に最大数十開かれる委員会のうち、どの委員会を配信するのがよいのかを選んでいる。予算委員会など首相が出るような重要な質疑があれば、迷わずその音声を配信すればよいのだが、それ以外はどの委員会の質疑が一番ニュース価値があるのかを選ぶ能力がラジオ記者に求められる。

第二章で書いた、「Session」の「国会論戦・珍プレー!好プレー!」という企画のディレクターを私は今も担当している。この企画を放送するために、日頃からかなりの数の質疑をフォローし、印象に残ったり興味深かったり、あるいは思わずクスッとしてしまうものをストックしている。その中から厳選したものを放送するのだ。国会担当を名乗る以上はセレクトに手を抜くことはできない。私は委員会をウォッチすることに日中少なくない時間を割いている。民放クラブで配信している委員会の音声を聴きながら、同時にネットや記者クラブのモニターで流れているほかの委員会を見ているなんてこともざらにある。これがおもしろいのだ。

毎年一月から三月にかけて開かれる予算委員会は、一番の注目の的だ。国会の大きな仕事である予算、つまりお金の使い方を決める場所で、首相以下すべての大臣が出席して行われ、連日国会中継としてテレビやラジオでも放送される。この委員会の特徴は、予算委員会と言いつつも予算に関することだけでなく、ありとあらゆることについて質疑できる点だ。政治家のスキャンダルが追及されるのもこのときだ。予算委員会では予算に関することだけ聞けと批判する人もあるが、予算は政権が行う政策のすべてにかかわるため、内閣の正当性を質すにはそういった追及も必要だと私は考えている。

予算委員会はテレビで中継されることから、与野党ともに一般人でも顔と名前を知っているような各党のエース議員たちが質疑を行うことが多く、フリップも多用され初心者でも見やすい。私は「国会のオールスター戦」と呼んでいる。質問の仕方も、一部分が切り取られてもいいように工夫されており、時にわざとキツイ言葉を使ったりする。ここだけ見ているとあざといやり取りばかりしているように感じるかもしれないが、そうした手法を用いるということは、それだけ大きなテーマが扱われている証でもあるのだ。数年前のある予算委員会では野党議員の質問に対し、与党の席からも「いい質疑だ」「政府はちゃんと答えろ」などの応援の声が飛んでいた。

質疑をじっくり見るようになると、議員によってその手法がかなり異なることにも気づく。質問席に立った瞬間に戦闘モード全開で、いきなり核心を突いた質問をする議員がいるかと思えば、持ち時間をフルに使って外堀を埋めていき、逃げ場のないところまで追いつめて質疑を終えるタイプの組み立てをする議員もいる。また与党議員でも、政府の言質を積極的にとりに行くタイプの議員もいるから油断ならない。

こういう見方で質疑を見ていくと、自分なりの推し議員や推し委員会ができてくる。初めての委員会ウォッチで私がおすすめするのは、厚生労働委員会だ。予算委員会に次いで所属する議員が多く、文字どおり「ゆりかごから墓場まで」、人の一生にかかわるあれこれを扱っていて、所属議員も医師、看護師、薬剤師、労働組合関係者などその道のスペシャリストが多く、与野党問わず個性の強い面々だ。新型コロナウイルスについてもここで扱っているので、最新の感染状況や政府の対策などについてもやり取りされている。

さらに興味深いのが、同じ委員会でも衆議院と参議院ではその雰囲気がかなり異なることだ。衆議院の場合は、いつ総選挙があるかわからないことから、そのときどきで話題になっている案件を扱いがちだが、選挙時期が決まっている参議院では時流にとらわれず普遍的なテーマの質疑も多い。ひとつのテーマをじっくり追い続けている議員が数多くいる。そういった違いにまで目が行くようになってくると、国会質疑を見るのが本当に楽しくなってくる。最終的には委員長、与野党筆頭理事による議論の進め方（私は番組内でこれを「裏回し」と呼んでいる）にまで着目するようになってしまった。こうした見方をしているのは私だけでなく、ネット上では国会を同様にウォッチし、SNSで実況している人たちがいる。この人たちは「国会クラスタ」と呼ばれ、私も彼ら彼女らの投稿をきっかけに知り、アーカイブから見直す委員会もある。

なんだか趣味のように語ってしまったが、こうした地道な国会論戦ウォッチがラジオ報道として実を結んだのが、第二次安倍政権末期に起こった「桜を見る会」をめぐる一連の問題を取り上げたものだ。

世の中で「桜を見る会」が大きな問題と認知されたのは、二〇一九年十一月。参議院予算委員会で、日本共産党の田村智子議員が取り上げたのがきっかけだった。しかし遡ること半年前、同年五月に同じく共産党の宮本徹衆院議員が、衆議院の財務金融委員会で「予算要求額より使われた額が多いのは問題なのではないか」と追及していたことを、私は「Session」で紹介していた。

それゆえ、田村議員が質疑を行ったときに、「桜を見る会」とはどのような催しで、どういった点がそもそも問題になっていて、今回どういったことが新たに問題となったのかという時系列に沿った動きを含め、すぐに報じることができた。半年前の宮本議員の質疑内容にも触れ、この段階でかなり手厚く報じることができたのは、放送時間をフレキシブルに使えるラジオならではだ。

また、国会論戦に詳しくなったことで嬉しい副産物もあった。それは、議員との距離が縮まったことだ。与野党問わず質疑に立つ議員は政府サイドから何らかの答弁、すなわち言質を取るために事前に周到な準備をして臨んでいる。当然だが徒手空拳で質問に立っているわけではない。私は「国会論戦・珍プレー！好プレー！」ではよい質疑があれば、テーマの大小にかかわらず与野党問わず取り上げるようにしているので、SNSや支援者を通じてラジオで取り上げられたと議員本人の耳に入ることも少なくない。すると、思いのほか喜んでくれ、飲み会をするより一度質疑を取り上げるほうがよっぽど関係性を築けるのではと思うこともある。そうして知り合った議員からは質疑に立つ際に「今日はこのテーマでするのでよろしければ見てください」と事前に連絡をもらえることもある。ひとり記者ゆえのアプローチが生きたと感じた瞬間だ。

入れないなら裏側をしゃべる——ひとり記者の戦い方

二〇二〇年の十一月末、安倍元首相の「桜を見る会」をめぐって大きな動きがあった。「桜を見る会」前日に安倍氏の後援会が主催し、都内のホテルで行われていた前夜祭の費用の一部を、安倍氏側が補塡(ほてん)していたことが明らかになったのだ。その総額は八百万円以上と言われる。それまで安倍氏は「参加者が実費を払っていて、後援会としての収入支出は一切ない」「個人がホテル側と契約」「領収書はない」などと国会で繰り返し答弁を行っていた。官房長官だった菅前首相も「立食パーティーで百人来るとしても、(料理を)百人分用意することは常識ではない」「通常は(参加人数の)七割がけで(飲食の準備を)する」「趣旨等を話すことでホテルに柔軟に(料金設定は)対応してもらえる」と経費削減のノウハウを次々と披露し、安倍氏をかばっていた。

安倍氏は会見を開かなかった。私が参加したぶら下がりでは、「事務所としては全面的に捜査に協力していくということです。これ以上については今の段階でお答えすることはできません」とだけ答え、その場をあとにしていた。その後検察による安倍氏への聴取報道が出ると、国会内で再びぶら下がり取材に応じた。安倍氏は「誠意を持って対応する」としたものの、検察の捜査が続いていることを理由に詳細についての明言を避けた。

この手のぶら下がり会見では、代表マイクを持つテレビ局の記者、通称「マイク持ち」

が代表質問をし、続いてほかの記者が質問する。この日もその流れだったのだが、マイク持ちをした記者が「各社さんどうぞ」と促してすぐ、安倍氏は「ありがとうございました」と言ってその場を立ち去ろうとした。私がすかさず「お話しされないのか」と声を上げたところ、振り向いて戻ってきて「私が背中を向けた段階で言わないでいただきたい」と苦言を呈し、「今申し上げた通りです」とだけ言って質問には答えず去っていった。私は森前会長の前に安倍元首相にも叱られていたのだ。私としてはこのぶら下がり取材についても後悔が残った。戻ってきた段階で間髪入れず質問を投げかけることができていれば、別の発言を引き出せたかもしれない。だが、このときの経験はのちの森会見での質問に繋がった。

その後、安倍氏は公設第一秘書が政治資金収支報告書への不記載の罪で略式起訴され、今度はぶら下がりではない会見が行われることになった。ところが、記者クラブへ回ってきた案内を見て驚いた。用意された会見場（議員会館の会議室）が小さく、コロナ対策で十分な距離が取れないことなどを理由に、参加資格は与党担当が所属する平河クラブの加盟社の記者のみと限定したのだ。

平河クラブに加盟するラジオ社や海外メディアについては、各社一名分は席が確保されたものの、フリーランスの記者たちの参加の道は完全に絶たれた。そして、TBSラジオも平河クラブ非加盟社なので、参加できない。

私はせめて現場の空気を感じたく、会見部屋の前の廊下に待機していた。そこには私と同じく会見に入れなかった平河クラブ非加盟社の記者やフリーランスの記者、加盟社ではあるものの人数制限で中に入れなかった社会部の記者らが集まっていた。

ここにいてもわかったことはいくつかあった。まず、安倍事務所名義で会見の告知がされたのに、会見の受付を仕切っていたのは自民党の職員だったこと。もうひとつ驚いたのが、会見の司会者だ。「一社一問で」「会場の時間があるのであと一問」と強い口調で指揮していたその声をどこかで聞いたと思ったら、安倍政権時に会見を仕切っていた長谷川榮一元内閣広報官だったのだ。つまり、党ぐるみ、安倍政権ぐるみの会見だったことがわかった。

その会見で、安倍氏は冒頭、自分が知らない中で行われたこととはいえ「道義的責任を痛感」し、「政治責任はきわめて重い」と述べた。また、その後の質疑応答では、「補塡の原資は事務所に預けてある手持ち資金から出された」「政治責任は重い、その反省のうえで政治家として国民の期待に応えられるよう職責を果たしたい」と回答した。この発言を聞き、安倍政権で不祥事が起きるたび「政治責任は重い」「任命責任は私にある」と言いながら、氏は結局何もしなかったことを思い出した。また、なぜ今回の会見は平河クラブ限定なのかという質問には答えず、今後会見するつもりはあるのかについては「必要があれば説明する」などと回答していた。

そして、社ごとにこの会見に対する「やる気」の差があったことも感じた。加盟社でも一社ひとりしか入れない、しかも元首相の会見だ。誰を参加させるかで各社の思惑がわかる。各テレビ局は、安倍氏が所属していた細田派担当の若手記者が出席していたが、彼ら彼女らは細かな点を追及せず、「再登板する気はあるのか」「菅内閣への影響をどう考えるか」など「この場で元首相に直接それを質すのか!?」というような質問も散見された。一方、朝日新聞は官邸クラブのキャップを、毎日新聞は桜問題に詳しく、一連の問題に関する本『汚れた桜 「桜を見る会」疑惑に迫った49日』(毎日新聞「桜を見る会」取材班、毎日新聞出版、二〇二〇年)を出版したチームの一員の大場伸也記者を配置し、細かな点を何度も問い詰めていた。会見に参加はできなかったが、これらの舞台裏はしっかり「アシタノカレッジ」で取材報告をした。会見場に入れなくても、記者として伝えられることはある。

映像では伝えられないニュースの一面を伝える

国会質疑と並行して私が追っているテーマに、政界におけるマチズモの問題がある。これを追うようになったきっかけは、ライムスター宇多丸さんがパーソナリティを務めるカルチャー情報番組「アフター6ジャンクション」(平日十八時から二十一時放送)で、二〇一九年に私が担当した「男子校特集」だ。

この特集では、知らない人からすると奇異に見える男子校カルチャーを男子校出身者である私が自ら紹介し、日本の政官財界、そしてメディア界でいかに男子校出身者が重要なポストを占め、男子校カルチャーがそこにはびこっているかを指摘した。

ボーイズクラブやマチズモに象徴される男子校カルチャーと、政界の相性はいい。男性議員には男子校出身者が多く、彼らが日々やり取りをする霞が関の官僚たちもまた男子校出身者ばかりだ。名門男子校には国会議員や官僚らが参加する複数のOB会が存在し、強固な連帯を誇っている。それぞれの学校の繋がりが、そのまま政治や行政の場に持ち込まれている。彼らの連帯によって、政策の立案や実行が円滑に進む場面は実際にあるのだろうが、そこに女性は存在していない。

政治の現場に女性がいない事実は、女性にまつわる課題が議題にすら上らない可能性があることを意味する。これは看過できないことだ。だが、こうしたマチズモと政治というテーマを、日々のニュース番組の中で報じるのは、ラジオでも少々ハードルが高い実情があった。というのは、これが構造的な問題だからだ。日々起きるニュースと直接結びつけて説明することが難しい。しかし、「男子校カルチャー」として特集すれば、カルチャー番組でも扱え、結果的により多くの人たちに興味を持ってもらうことができた。

TBSラジオで月曜日から木曜日の十一時から放送している「ジェーン・スー　生活は踊る」という番組に出演したときにもこのテーマについて考えさせられた。この番組はコラムニストのジェーン・スーさんがパーソナリティを務め、日常に役立つ生活情報を伝えている。私はここで、新型コロナウイルスに関する補助金などを含めた生活情報を解説する機会があった。新型コロナをめぐる政治の動きと私たちの生活を結びつけたいと考えて行ったこの解説をきっかけに、二〇二〇年の秋には同番組の「国会とは何か？」という特集に四回にわたって出演した。三権分立に始まり、国会では何が話し合われているか、法律を作る以外に国会にはどんな役割があるのかなど、それこそ昔教科書で習った基礎的なことから話した。

その原稿を作る際に改めて思ったのは、本来有権者の代表が集まる場である国会は、日本の縮図でなければならないはずなのに、現在の国会のありようは大きくズレているということだった。国会は平等な男女比で、障がい者やセクシャルマイノリティなど多様な人々が参加する場であるべきだ。ところが実際はどうかというと、議員はおじさんばかりで女性は衆議院で一割しかおらず、彼女たちも二世三世といった「職業政治家」が中心である。人口の男女比率だけでみれば、日本は女性のほうが多い国だ。それにもかかわらず、高齢男性たちが政策を決定しているのは歪んでいると言うほかない。多くの政治家は「生活」に言及するが、男女比の時点で大きな偏りのある彼らが作る個々の政策に、果たして生活者の目線がきちんと反映されているのか、疑問に思うような動きも少なくない。

それらの問題意識を抱くようになった私が、最近取材したものをここでは取り上げよう。はじめに、選択的夫婦別姓制度の実現についての議論だ。

二〇二〇年に見直しとなった、第五次男女共同参画基本計画で焦点となったのが、「選択的夫婦別姓」の導入をめぐる書きぶりだ。第四次の同計画では「国民意識の動向等も考慮し、選択的夫婦別氏制度の導入等の民法改正に関し、司法の判断も踏まえ検討を進める」とされていて、各種調査で多くの国民が賛成していること、当時、導入に前向きな発言をしていた菅義偉氏が首相に就任し、担当大臣をやはり導入に積極的な橋本聖子氏が務めていたことから、推進派議員の間では、前向きな方向に進むのではと期待が高まっていた。私も「何か変わるかもしれない」との思いのもと、自民党内の部会取材を始めた。

ところが、選択的夫婦別姓をめぐり自民党内でバトルが勃発する。賛成派と反対派が真っぷたつに割れたのだ。これまでも賛成派の議員らは勉強会を開き、法制度実現に向けて取り組みを進めていた。党の女性活躍推進特別委員会も、結婚に伴う姓の変更について、現行制度は「結婚をためらう女性や男性がおり、少子化の一因となっているとの指摘もある」とした緊急提言を菅首相に提出するなど、その動きは活発化していた。

そこに、とある議連が立ちはだかった。それが「絆を紡ぐ会」で、共同代表に高市早苗元総務相、山谷えり子元拉致問題担当相がつき、家族や地域社会の絆を重視する議員が名を連ねていた。参加者によると、「前政権では夫婦別姓について慎重だったが、今急に動きが出てきたので立ち上げた。女性活躍の視点で進められているが、子どもの視点が抜けている」などとして提言をまとめ、政府に提出する動きを見せたのだ。

選択的夫婦別姓については「国会論戦・珍プレー！好プレー！」内でも継続的に取り上げていた。連立与党の公明党はもとより、自民党内にも推進の議員が一定数おり、政府から前向きな答弁を引き出そうとしていたのを見ていたので、突如出てきた反対派の抵抗の大きさに驚いた。

両者の主張が割れる中、自民党の部会で示された政府原案では、民法の夫婦同姓規定により九六パーセントの女性が結婚に伴い姓を変更している現状や、二〇一五年に夫婦別姓を認めないのは違憲だと国を訴えた裁判の最高裁判決「夫の氏を称することが妻の意思に基づくとしても、意思決定の過程に現実の不平等と力関係が作用している」との指摘が掲載された。

これに対して反対派の衛藤晟一元少子化対策担当相は「夫婦別姓でないと困るという人はエビデンスがしっかりしていない」と私の撮影するスマホカメラの前で主張し、反対派議員たちは一様に「制度導入ありきで偏りすぎている」などと反発した。

結果、最終案では、最高裁判決や委員会勧告に直接触れる記述が削除され、政府原案時からあった「選択的夫婦別姓」の文言も消えた。一方、旧姓の通称使用の拡大に努めることや、今後については戸籍制度と一体となった「夫婦同氏制度の歴史を踏まえ」「家族の一体感、子どもへの影響最善の利益を考える視点も十分に考慮」という文言が入るなど、反対派の声がかなり反映されたものとなった。議論終結後、反対派の山谷氏は「最終案はそこまで踏み込んでおらず、良かった」と安堵していた。

ところが、今度は推進派の議連が立ち上がった。さらに、反対派の議員たちも議連を新たに立ち上げた。選択的夫婦別姓に関する賛否は自民党にとってかなり大きな政治イシューであることが窺える。二〇二一年秋の総裁選でも賛否が分かれた。反対なのは高市早苗氏、一方の賛成は野田聖子氏、河野太郎氏。岸田文雄氏は推進議連に名を連ねていたため、総裁選の立候補会見で私はこの点について質したのだが、どちらとも取れない態度に終始した。また、「絆を紡ぐ会」のメンバーがそのまま、総裁選で高市氏を支援するグループと重なるなど、このテーマは党人事にも影響のあるものなのだ。

取材していておもしろかったのは、推進派はカメラによく映る位置に男性議員が座っていたのに対し、反対派では女性が前面に座っていたことだ。重鎮を含む男性が前向きだとアピールしたい推進派に対し、女性が反対していると見せたい慎重派という対比が見て取れる。そして、多くのメディアはその思惑通りに報じていた。それほど映像の力は強い。一方、ラジオは映像がない分、そこからさらに一歩引き、彼ら彼女らの見せ方の意図も含めて報じた。あえて見せようとしていること、そして見せないようにしていることに、ニュースの本質がある。そのことが十年以上ラジオ報道に携わってようやくわかってきた。

同様の構図は二〇二一年の通常国会で審議されかかったLGBT理解増進法でも見られた。こちらは超党派で作り上げた法案で、現場の自民党議員は賛成していたにもかかわらず、第五次男女共同参画基本計画の際と同じ展開となり、最終的に自民党は国会への提出を断念した。選択的夫婦別姓をめぐる問題も、LGBT理解増進法も、自民党以外の政党は連立与党の公明党を含めて賛成している。

こちらの動きについても、それぞれの勉強会が立ち上がった段階から「Session」や「アシタノカレッジ」で逐一報道した。自民党は二〇二一年十月末の総選挙後から議論を本格化させるとしているが、どちらのグループにも一定数の議員が参加している。政府や党でどういった議論がなされ、どういった結論が示されるのか、今後も丁寧に取材していきたいと思う。

しかし、こうした議論が交わされていても、永田町のジェンダーギャップ解消はなかなか進んでいない。男女格差の大きさを国別に比較した世界経済フォーラム（WEF）による「ジェンダーギャップ指数2021」が発表され、日本は調査対象となった世界百五十六カ国の中で百二十位、主要七カ国では最下位というありさまだ。特に衆院議員の女性割合が低いことなど、政治参画における男女差が大きく、下位に甘んじる結果に繋がっている。日本の国会の議員に占める女性の比率は母数が少ない参議院でこそ二割程度あるものの、衆議院ではわずか九・九パーセント。世界平均は二五パーセントだからその低さがわかろう。中でも政権与党の自民党の国会議員に占める女性議員の割合は、参議院を入れても一割程度だ。

菅総裁（当時）の下で党の幹事長代行に就任した野田聖子議員が、二〇二〇年に外国特派員協会で行った会見を私は取材したことがある。

「自民党の議員の九割は男性。政策議論の場で女性に特有の問題はあと回しにされてきた。強力な安倍政権ですら『2020 30』（二〇二〇年までに指導的地位にいる女性の比率を三割まで引き上げるという政府の方針）を実現できないほど根の深い問題」だと野田氏は述べ、そういった男性中心の社会を党から変えていくと語った。

野田氏は、女性議員の比率を上げる必要性を訴えた。ただ、選挙においては現職優先を建前に、男性議員が議席を持っている区で、積極的にそのポジションを女性に交代していくのは難しい。そのため女性候補は自民党の現職がいない選挙区に擁立されることが多いのだが、公募で縁もゆかりもない選挙区に女性候補者が落下傘のようにやって来て、結局地元の男性議員たちの輪に入れず、孤立していく現状があるそうなのだ。それを解消するには、地域に根差した女性の地方議員のなり手を増やしていく必要があり、そのための塾を作ったのだという。

野田氏の会見は国会外で行われたこともあってか記者の数はまばらで、メディアであまり大きく報じられなかったが、私は番組で十分以上にわたりこの様子を報じた。そのレポートをきっかけに野田氏には「Session」へ出演してもらった。この会見で野田氏が話した内容は、翌年に氏が総裁選出馬の際の「野田内閣の女性閣僚を全体の半分にする」という主張と重なる。

さらに、森まさ子元法相をトップとする自民党の女性活躍推進特別委員会は、衆参両院の女性候補の比率を二〇三〇年までに「三五パーセント」にすることを党の公約に明記するよう求める提言を、下村博文政調会長（当時）に提出した。男性国会議員中心の自民党でも、この問題からは目を背けられなくなっている。

当然、こうした動きは自民党内だけで起きているのではない。女性の政治参画推進を目指す超党派議連は今年の通常国会で、女性議員増に向けた環境整備のため、議員や候補者に対するセクハラなどの防止規定を盛り込んだ「政治分野における男女共同参画の推進に関する法律」改正案を成立させた。当初は、候補者に占める女性割合の数値目標の設定を各党に義務づける規定を盛り込もうとしていたが、自民党や日本維新の会の反対によって断念したことは残念だ。

ジェンダーギャップ解消に効果的な策が打てていないのは、野党も同じだ。野党第一党の立憲民主党は、二〇一九年参院選こそ候補者の男女同数を示す「パリテ」を掲げて選挙戦を戦いその成果を強調したが、二〇二〇年に国民民主党と合併すると男性現職議員が増えたため、女性候補を増やす取り組みは後退したと言わざるを得ない。私は会見などで、枝野幸男代表にこのことをたびたび指摘したが「党の状況が変わった」と述べるにとどまっている。

また自民党の党幹部については、岸田総裁になり、政調会長に高市早苗氏が、組織運動本部長に小渕優子氏が就任したが、総裁を含む七役と呼ばれる役員女性はふたりしかいない。一方の立憲民主党も代表、幹事長、政調会長、国対委員長すべてが男性だ。この件について問うと枝野代表は「(女性議員が担当する) 常任幹事会議長は自民党の三役に相当する」と反論したが、立憲民主党所属の女性議員からは「こういうところで与党との違いをアピールすべきなのに。国民にどう伝わるかが全くわかっていない」との怒りの声が聞かれた。とはいえ、党幹部に女性がいないのは、共産党と国民民主党以外はどの党も同じような状況だ。

国会議員は旧来の男性型の働き方を求められる。たとえば、個別の法案については、委員会の前に各政党の「部会」と呼ばれる場で話し合われる。そこで議員たちが様々な意見を出し、必要があれば修正したうえで党の政調会議、総務会を経て草案となり、その後国会の委員会で議論する流れだ。

この部会は平日の朝八時頃から行われることが多い。朝八時に部会に出るためには、子どもがいる議員は七時台には保育園に預ける必要が出てくる。そのためにはかなり早い時間に支度をしないと間に合わないだろう。子育て中の議員は、パートナーや子どもに過度な負担を強いる職場環境にあるといえる。ある自民党の女性議員に聞いてみたところ、地元のお祭りを回って顔を出し、夜の会食に出て、そして早朝から党の部会へ行く……というスケジュールは育児への相当な負担になっているそうだ。

「夜会合や早朝の部会の時間帯を変えることはしないのか」と自民党の鈴木貴子衆院議員に聞いたことがあるが、「働き方やDXなど党内改革も議論しているので、おのずとそういう議論の糧になると考えている」とぼんやりとした回答が返ってきた。

マチズモが幅を利かせる政治の世界を改善せずに、女性議員の数を増やすだけでは、野田氏が指摘するようにダメなのだ。このように部会という政治決定のプロセスまで含めて番組で取り上げることで、女性議員たちの働きにくさのリアルを伝えることができるのではと考えた。

今年、自民党の青年局が主導し、若手男性議員三人が二日間、妊娠七ヵ月に相当するという重さ七・三キロのジャケットを着用し、妊婦の暮らしを体験するという企画があった。

発案者は前出の鈴木議員で、ジャケットを活用し、国会までの電車通勤や街頭演説のほか、掃除や買い物などの家事に挑戦した。体験した男性議員らからは「重いだけでなく圧迫感がある」などの感想が述べられた。野党議員からは「取り組み自体は否定しないが、女性が妊娠出産で影響を受けるのは重さだけではない」と冷ややかな声も聞かれた。参加した男性議員のうち、どれほどの議員が積極的に育児を行っているのかと考えさせられた。

継続して伝える

二〇二〇年の自民党総裁選の際、女性を要職に登用するかどうか、選択的夫婦別姓やダイバーシティについての考え方について、出馬表明会見などの場で総裁選候補のうち岸田文雄氏と石破茂氏に質問することができた。政権与党の自民党内の意識が変わることが、日本の政治状況を変えるための一番の近道と考え、私はジェンダーに関する質問を意識的に繰り返した。

岸田氏は閣僚に女性議員を一定数つける旨の発言をし、石破氏は「ＬＧＢＴによって差別される社会であるべきだというふうに私は全く思っておりませんので、そのために法改正が必要であればそれを逡巡するものではございません」とし、「選択的夫婦別姓は基本的に実現すべき」と発言した。

また、翌年二〇二一年九月の総裁選においても、私は立候補会見で岸田氏に対し、「選択的夫婦別姓推進議連にかかわっているが、実現すべきと考えるか」と迫った。

　菅首相（当時）が突如立候補を取りやめる波乱の幕開けとなったこの総裁選は、前年に続き出馬した岸田氏に加え、高市早苗氏、現職の大臣だった河野太郎氏、そして野田聖子氏の四人による戦いとなった。衆院議員時代の小池百合子氏以来となる女性の立候補により、候補者のみとはいえジェンダー平等が達成された。

　これまでの総裁選とは異なり、少子化対策や子育て政策、ジェンダー政策が大きな論点となったし、各候補、特に女性候補の支持についてはジェンダーをめぐるこの間の動きとリンクする点が多かった。もちろんそれだけではないのだが、ジェンダーに関する考え方が投票行動とリンクした側面はある。そしてこれまで、こういった観点で政治家に質問するのは圧倒的に新聞や通信社の女性記者が多く、そして、ニュース番組で主要な政策のひとつとして報じられることは少なかった。女性や多様性にかかわる政策、永田町のジェンダー不平等の問題を、放送メディアはこれまで脇に置いてきた。ところが、そういった考え方も徐々に変わりつつあることを感じた取材だった。

　今起きている出来事は、過去と地続きだ。ラジオで報道するにあたり、私は点と点を結び線として伝えることを意識的に行っている。二〇二一年の総裁選をめぐっては、前回から一年間の取材で見えてきた自民党内の動きと、総裁選での投票行動が重なっていることを番組で話した。

　テーマを串刺しにして、与野党の垣根を越えて取材し、繰り返し質問をし、取り上げてきた意義があったと感じる。何度も会見で問い、番組で伝え続けていると、他メディアでもそのテーマに注目してくれるところが出てくる。さらに続けていくと、メディアの間で取り上げるのが当然になっていく――そんな流れを作っていきたい。そして、それを実践できる場があることこそが、ラジオ報道の強みだ。

永田町を飛び出し、チームで取り組む「新型コロナ取材」

ここまで国会取材を中心に私の仕事について書いてきたが、国会や首相官邸を離れて、省庁が集まる霞が関で取材を行うこともよくある。特に、二〇二〇年以降は新型コロナウイルス関連の取材が増えた。最初の会見が厚労省で行われたこともあり、TBSラジオでは私が担当することになった。

二〇一九年末に中国で見つかった新型コロナウイルスは、二〇二〇年一月に初めて日本で感染者が発見された。ひとり目の国内感染者が見つかったことを告げた緊急会見以降、一年半以上にわたって毎週厚労省に通い続けることになるとは、そのときは思っていなかった。二月になるとクルーズ船「ダイヤモンド・プリンセス号」の内部で集団感染が発生。それとほぼ同時期に、厚労省の内部にひとつの組織が立ち上がる。それが「新型コロナウイルス感染症対策専門家会議」(以下専門家会議)だ。

専門家会議は、国立感染症研究所の脇田隆字所長を座長に、副座長にWHO時代に西太平洋地域でのポリオ根絶に尽力した尾身茂氏、新型インフルエンザ等対策有識者会議の会長代理を務めた川崎市健康安全研究所所長の岡部信彦氏、ＳＡＲＳウイルスの封じ込めに尽力した東北大学大学院教授の押谷仁氏ら、感染症の専門家がメンバーに名を連ねた。彼らは毎週のように夜間に厚労省で長時間の会議を行い、終了後には深夜にまで及ぶ記者会見を開いて現状分析と対策について説明を行った。

これらの会見を取材し始めた当時は「クラスター」「ロックダウン」といった耳なじみのない言葉が専門家たちの口からポンポン出てくるため、どうリスナーに伝えるか頭を悩ませながら「Session」でレポートしていた。今でこそウイルスの特徴を我々も知っているが、当時は専門家を含めて新型コロナウイルスがどういったものなのかよくわかっていなかった。そのため、会見で「飲み会や帰省はオンラインで」と聞いたときは、「この人たちは何を言っているのだ」と正直思ったものだ。

厚労省の会見場には毎度多くのメディアが詰めかけ、今では信じられないほど「密」な状態だった。ＰＣＲ検査のキャパシティに余裕がなく、「発熱して四日間待ってから下がらなければ保健所に連絡」と政府が発信し、未知のウイルスにどう対処したらよいのか誰もわからなかった。

一方で志村けんさんや岡江久美子さんといった著名人を含む多くの方が亡くなるというショッキングな現実に直面し、我々メディアの側も受け手にウイルスに関する情報を伝えるために必死だった。専門家会議のメンバーも二時間以上会見を開いてメディアの疑問に答えていたし、イラストつき冊子の配布や、「コロナ専門家有志の会」としてTwitterアカウントやnoteでの情報発信を積極的に行っていた。また、これはあまり知られてはいなかったが、複数回にわたってメディアの疑問に答えるオンライン勉強会なども行っていて、新型コロナについての情報発信にはかなり注力していた。

専門家がしっかり解説することが売りでもある「Session」では、野口プロデューサーが陣頭指揮を執り、様々な専門家を呼んでウイルスについての知見をリスナーに伝えていた。

たとえば、前出の脇田氏や岡部氏、東京大学教授の武藤香織氏といった専門家会議のメンバーだけでなく、アメリカの国立研究機関で博士研究員を務める病理医でウイルス研究者の峰宗太郎氏、ダイヤモンド・プリンセス号にも乗船した神戸大学教授の岩田健太郎氏、東京都のアドバイザーを務める国立国際医療研究センターの大曲貴夫氏、聖路加国際病院の坂本史衣氏といった感染症のスペシャリストたちが出演し、一時間近くにわたりチキさんやリスナーの質問に答えていた。

「空気感染」と「飛沫感染」の違い、マスクの種類と効果の違い、検査についてどう考えるべきかなど、各回がそれぞれ新書一冊分ぐらいの情報量があった。私は野口プロデューサーとゲスト候補のアイデア出しなどを行っていたが、番組を聴くだけでは足らず、OA後にゲストの控室にお邪魔して個別の質問に答えてもらったり、新型コロナについての書籍や記事を読みあさったりして、さらに知識を掘り下げていった。

私は研究者を志したこともあるし、専門知を学ぶことへの抵抗はないのだが、まさか大学院を出たあとに理系の勉強をすることになるとは夢にも思わなかった。私だけでなく他社の記者たちも取材や自己研鑽を通してこのウィルスについての知見を深めていき、会見での質問のレベルが回を追うごとに高まっていくのを感じた。

番組に出演した専門家会議メンバーとやり取りしていると、政府の決定に対し、専門家がいかに関与し、あるいはしなかったのかが見え隠れするようになった。たとえば、安倍首相（当時）は二〇二〇年二月下旬に小中高校の一斉休校を要請したが、果たして意味があったのかとのちに疑問を呈された。それによりひとりで子育てをしている親や、日々の給食が生命線になっている困窮家庭の子どもたちには生活にダイレクトに影響が出た。

この決定に関して専門家会議のメンバーに問うと、「何の相談もなかった」ことがわかった。また、科学的に意味があるのかと聞くと、子どもたちの行動範囲は限られていて、感染拡大の要因になる可能性は低いとの考えを示した。つまり、専門家に聞けば効果が疑問視された可能性があった施策を、政府は相談もなしに決めていた。もちろん感染分析やリスクの評価を行い「提言する」のが専門家で、「判断する」のは政治だ。ただ、多くの国民に影響が出る施策について、専門家の知に諮らない形で押し進めた事実を、我々は受け止めねばならない。ＴＢＳラジオでは、その後の国会質疑もあわせて、専門家の関与がなかったことを伝えたが、「一斉休校」のインパクトの前に、かすんでしまったことは否めない。

一方で、未知のウイルスについては、メディアの側も専門家の発言に頼る部分が大きく、専門家の指摘が絶対視されていた点も少なからずあったように思う。

のちに専門家会議メンバーはあまりに「前のめり」になったとして、専門家としての枠を越えないという姿勢を見せ、専門家会議を引き継いだ「分科会」では、当初政府に積極的に提言することに後ろ向きな姿勢になった。ただ、専門家の領分に留まることにこだわるあまり、ＧｏＴｏキャンペーンや飲食店の営業時間短縮などの政府の施策に対して警鐘を鳴らすのが遅れ、結果的により多くの感染者を生んでしまうことにもなった。

「Session」で取り上げた新型コロナ関連のニュースで、印象に残っているものはほかにもある。それは専門家の発言の記録についてである。これに関しては、二〇二〇年五月に専門家会議の議事録がきちんと作られていないと新聞各紙が報じた。政府側は「匿名で議事概要を作っている」「実名だと自由闊達な議論ができない」などとして議事録作成と公開について後ろ向きな姿勢を見せた。

番組に出演した専門家会議メンバーの岡部氏は、政府側からは「議事録は概要を作ってそれを発表します」と説明があったとし、「専門家の議論ははじめからまとまっているわけではなく、議論を戦わせながら最終的にまとまっていく。『自分が言っていることは自分で責任を取らざるを得ないんだから、それは名前が出てもしょうがないですよね』というのが委員としての考え」だと述べ、実名の議事録を作ることはなんら問題がないとの考え方を示した。

岡部氏が番組に出演した直後の五月二十九日に行われた専門家会議では、出席者の中から発言者を明記した議事録を作るべきという発言があったことを、終了後の会見で尾身副座長が明らかにし、議事録問題に質問が集中した。当初、脇田座長は「政府のほうで決めること」、尾身副座長も「議事録をどうするかは、基本的に政府が決めること」と述べるにとどめていた。

その会見に出席していた私は、メンバーの岡部氏は「Session」出演時にメンバーの多くが議事録を作成することを問題視していないと言っていたが、個人としてはどう考えるかと質問をした。脇田座長は「私個人としてはどちらでもいい」、尾身副座長も「個人的には問題ないと思います。名前を出すのは全然問題ない」と述べた。

なぜ私が議事録にこだわったのかというと、政策にかかわる議論について後年、検証を可能にするためだ。個人に対する責任を問うような質問だったと批判する指摘もあったが、専門家会議メンバーだけでなく、議論の際に政府側からどういった働きかけがあったかなどを知るうえで、議事録は重要だと考えた。この質問によって、少なくとも専門家会議の幹部ふたり、および岡部氏が実名を載せた議事録を載せることに「問題ない」との認識を示したことが明らかになり、当時の西村康稔新型コロナ担当大臣はその後の記者会見で、今後は議事録を作成すると発表した。

民主主義社会において記録を残すことがいかに重要かは番組で再三取り上げてきたし、そういったことがないがしろにされている場面で疑問を投げかけるのが、私のような記者の役割だろう。

ひとり記者、だけど「ひとり」じゃない

本書では自分のことをラジオのひとり記者だと言い続けてきたが、常に単独で取材しているわけではない。チームで動くこともある。国会内ではTBSテレビの政治部の記者と適宜情報交換をしているし、国会が紛糾した際や、病欠などでテレビの記者の人員が足らない場合は、TBSテレビの政治部の一員として会見に参加することもある。時にはカメラを回すこともある。また、記者会見の文字起こしは彼らとメールで共有しているので、現場に行けなくも大まかな内容を知ることができる。

それは新型コロナ対策の現場取材においても同じだ。新型コロナウイルスの国内初の発症者が出た二〇二〇年一月以降、厚労省の会見には在京メディアだけでなく、地方局や地方紙も含め多くの記者が会見場に詰めかけていた。TBSテレビ社会部厚労省担当の登内草太記者、中谷亮太記者、毎日放送（MBS）の成相宏明記者、中部日本放送（CBC）の若尾貴史記者、木下大記者、そしてTBSラジオの私という系列局に属する面々は専門家会議や、後継組織の分科会などの現場でたびたび顔を合わせるようになった。

当初は会議が終わるのを待つ間に雑談する程度だったが、そのうち共同戦線を組んで取材をするようになった。というのも、分科会に参加した専門家たちは、会議が終わると一

斉に外に出てくるため、話が聞けるのは多くてひとりかふたりだ。そこで、同じ系列局ならば、情報交換をしやすいので、それぞれ担当を決めて話を聞きに行き、聞いた話をメンバーで共有するチーム取材を行うようになった。

新型コロナウイルスに関する専門家会議は、医療の専門家が参加する厚労省の「新型コロナウイルス感染症対策アドバイザリーボード」、医療の専門家に加え、経済の専門家や知事なども参加する内閣府の「新型コロナウイルス感染症対策分科会」のふたつがある。TBSテレビ報道局では、厚労省は社会部が、内閣府は政治部や経済部、社会部がまたがって担当していて、カバーしている領域が広い。それに加えて関西はMBS、愛知はCBC、そして関東はTBSラジオがそれぞれの地盤なので、自社のエリアの感染状況について詳しく取材している。目的はみな同じ、ということで先述した部署や系列局に加え、新型コロナウイルスについて掘り下げる企画を担当するBS番組のプロデューサーを加えた十名ほどのチームを作り、今も取材を行っている。

取材効率以外に、チームを作って取材するメリットは、やはり分析力の向上にある。取材の過程で、専門家の会議資料を事前に入手できることがあるが、入手した資料のどういった点が新しいとか、こういった内容が重要だといったことはひとりだけではなかなか気づきにくい。チームには法律に詳しい記者もいれば感染症対策に詳しい記者もいて、各人の視点で資料に目を通すので、他社より早く、より多角的に会議の中身を報じることができるのだ。まさに文殊(もんじゅ)の知恵だ。

また、ひとりの記者ではどうしても自分のフィールドにまつわる興味関心に基づいた質問をしがちだが、複数の部署の人間がかかわり、日常的に疑問点についてやり取りしていると、そこから脱却することができるというメリットがあると実感した。

会見・囲み取材はチーム戦――更問いで言質をつかむ

ひとり記者でも、取材現場に行けば他社の記者たちともチームメイトのようにともに対象に向き合うことになるのは第三章の森会見のときにも述べた。「記者団vs.取材対象」という構図が生まれるのも取材のおもしろいところだ。

森会見よりも前、東京オリンピック・パラリンピックが新型コロナウイルス感染拡大の影響で一年の延期が決まった際のことだ。二〇二〇年三月二十四日の夜、安倍首相（当時）、小池都知事、橋本オリンピック・パラリンピック担当大臣（当時）、組織委員会の森会長（当時）らが首相官邸に集まり、IOCバッハ会長との電話会談が行われた。

会談後、安倍首相は「人類が新型コロナウイルス感染症に打ち勝った証として、完全な形で東京オリンピック・パラリンピックを開催する」と記者団に宣言した。その後、組織委員会の森会長と武藤事務総長は、組織委員会が入る晴海トリトンスクエアで深夜の記者会見を行った。

参加したのは各社のスポーツ担当記者や組織委員会を担当する社会部の記者たちが主だ

ったが、私やMBSの三澤記者、成相記者も参加した。各社の記者が「聖火リレーをどうするのか?」「チケットをどうするのか?」「開催まで四ヵ月だったが思いを聞かせてほしい」などの質問をし、私が当てられた。

私は「一年延期ということだが、来年には収束していると考えているのか、その根拠を教えてほしい。来年もこうした状況が継続していることを想定しているのか」と聞いた。すると武藤事務総長は「コロナウイルスがいつ収束するのかは誰にも明言できないと思う。(中略)二〇二一年まで待つべきかというとそこまで明言している方もいない。二〇二〇年から遠ざかればいろんなことが起こる。(中略)一年延期は合理的な期間設定だろう。これは森会長も尋ねてきたが『来年の夏本当にコロナウイルスは終わっているのか』と言われると絶対大丈夫とは言えません。しかし、大方の人はそんなことになったら日本どころか世界がとんでもないことになっているので、人々の生活が壊滅的なことになっている。人類の知恵で、いろんな薬も出てくるでしょうし、ということで一年と判断されたということだろうと思う」と答えた。

この回答からは、一年延期の根拠は何もないことがわかったが、森会長が一年後の開催にも不安を持っていたこと、「世界がとんでもないことになっている」という武藤事務総長の見方が妥当だったことが今となってはよくわかる。私はさらに安倍首相が会合後に訴えた、「新型コロナウイルス感染症に打ち勝った証」とはいったい何なのかを尋ねた。武藤氏は「ひとつは様々な治療法に進展があるかどうか。人々の生活に規制をかけることで沈静化することを『打ち勝つ』と理解している」と述べた。

これにMBSの成相記者が「来年夏をその判断の期限とするのか？ 収束していない場合は、再検討するのか？」とさらに質問を重ねた。すると、武藤事務総長の前にあったマイクを森氏が奪い取るように手に取った。

「来年のその頃までにコロナウイルスが解決でき得ない、そういう世界だったら日本だけの話じゃない。今ヨーロッパであのあいう状況になっている。これから南米やアフリカ、南半球に行ったらどうなるかということを考えたら何もできないじゃないですか。だけど皆さん耐えている。このままずっと我慢してもらうんですか？ そうしたら人間社会なくなるんじゃないですか？ 科学技術がこれだけあって、科学者がいて医療薬学が進歩する中でこれに期待するしかないんじゃないですか。（中略）もしだめだったら延ばすんですかなんて、そういうことにお答えする義務はない」と述べ、突き放した。一年前にも私は質問によって森氏を怒らせていたのだ。

記者はそれぞれ個別に取材相手に向き合う。しかし、ぶつけた質問に対して明確な回答が得られない場合、たとえ他社の記者がした質問でももう一度聞き直す。これが更問いだ。明確な回答が得られていないのに素通りしてしまうことは答えないことを正当化させることに繋がってしまう。だから、粘り強く聞き続ける更問いは重要なのだ。

私は更問いをして、菅前首相にも怒られた。

菅前首相はその任期中、会見場で行う正式な記者会見のほかに、視察先や首相官邸のエントランスなどで行われるぶら下がりを行い、記者と質疑応答していた。私はTBSラジオの記者だが、官邸クラブにはTBSテレビの記者とともに「東京放送」の一員として名を連ねている。そのため、官邸での会見にも参加できる。しかし、新型コロナ対策の名目で会見への参加は一社ひとりに制限されていたため参加できないでいた。ぶら下がりにはこの制限がなかったので、首相に質問できる唯一の場であった。

二〇二一年七月二十一日。オリンピック開催直前のタイミングで菅前首相のぶら下がり会見が設定された。この日は取材を続けていた東京オリンピック・パラリンピックについて是非聞きたいことがあり、参加することを決めた。

幹事社の代表質問のあと、いくつか記者からの質問を首相が受けたあと、私は声を上げた。

「東京の一日の感染者数が千八百三十二人になりました。総理は会見等で国民の命を守るのが私の責任だというふうにおっしゃってきたが、これだけ感染者が増える中でオリンピック・パラリンピックを開催することで国民の生命を本当に守れるのでしょうか」

「そこは守れると思っています。ぜひ分析をしてほしいです。今日も千人を超えていますけども、六十五歳を超える重症化の一番多いと言われる高齢者の皆さんの感染者は四パーセント、このところは四パーセント切ってますから、そこについては数字がしっかりと表してくれていると思います。ですから、ワクチン接種というのは大きな効果が出ている、このように考えています」

私はさらに続けた。

「総理、引き続き澤田です。会見の中で、これまでオリンピック・パラリンピックの関係者は一般の国民とは動線が異なるから安心なのだということをおっしゃっていた。けれども、今、バブルが機能していない、つまり、動線が一緒になっているところが見られるという報道もある。言っていることと異なっているのではないでしょうか？」

「ここについてはＩＯＣにもしっかり対応してほしいと思いますし、組織委員会と連携して、そこはしっかり守っていきたい」

首相は質問に答えていない。そこで更問いで畳みかけた。

「（首相の言っていたことと現実が）異なっていることはお認めになるということですか？」

ここで、菅前首相の反応に異変が起こった。質問を制するように前に手をかざし、

「ちょっと、ルールを守ってください」

といらだったように発言した。秘書官が「名前」、広報官が「社名を」と私に言いかけると、広報官を振り返りいらだちを隠さず、

「はっきり言ってください」

と発言した。その後、広報官が「社名を言ってください」と私に求めたので改めて、

「ＴＢＳラジオの澤田です。動線が別になっているということをおっしゃっていたのですけども、（現在は）一緒になっていたということはお認めになるということですか？」

「いや、私も視察をして徹底するように言っていますので。ＩＯＣのルールの中にもありますから、そこはしっかり徹底できるようにしたい、こういうふうに思います」

このように述べ、結局最後までこちらの問いには答えなかった。

この会見で一体首相は何にいらだったのか。官邸のエントランスでのぶら下がりでは、菅氏が首相になって以来、社名と名前を名乗ってから質問をするというのが慣例となったらしい。私は首相の回答が不十分だったため更問いをしたのだが、すでに首相と目が合っていたので、三回目のときには社名と名前を名乗らなかった。そのため「ルールを守れ」と言われたのだ。

通常、記者は一問しか質問しないことが多く、あまりこういったことは起こらなかったようだが、確かに私以外にも過去にこのルールについて苦言を呈されていた記者がいた。私自身は確認できなかったのだが、共同通信の配信によれば「首相は取材を終えて官邸を出る際、秘書官に向かって叱責するなど怒りが収まらない様子だった」そうだ。あとでその記事を見て、叱責する様子を見届けていなかったことを後悔した。私と首相のこのぶら下がりのやり取りは共同通信をはじめ各社が報じ、映像がネット上に拡散されることとなった。

私が菅前首相に繰り返し問うたのは、東京オリンピック・パラリンピックとコロナの感染拡大の相関性についてである。国会や記者会見で問われるたび菅前首相は、「一般の日本人との接触を回避するため動線分離を徹底」すると述べてきた。ところが、オリンピックの開催が近づくにつれ、野党の追及や各メディアの報道によって、原則として海外からの入国者に課されていた滞在するホテルからの外出制限も守られていないことが明らかになり、感染回避のための動線分離が十分でないこともわかってきた。ＴＢＳテレビの世論調査でも七九パーセントが水際対策を不十分だと答え、オリンピックにより感染が広がるのではないかとの国民の不安は高まっていた。そんな状況をふまえ、国民の命とくらしにかかわる観点でオリンピックと感染拡大について質問し続けた。

そして、同月二十七日にも、菅前首相はぶら下がりに応じた。東京都の新規感染者数が過去最多となったこの日、首相は関係閣僚らによる会合に出席していた。首相は冒頭発言で抗体カクテル療法の積極使用に触れ、開会したオリンピックの家での観戦を呼び掛けた。

そこから質疑に入ったのだが、まず朝日新聞の記者が緊急事態宣言下でも感染者が下げ止まらない中、このままオリンピックを続けても大丈夫なのかと質問した。すると菅前首相は「車の制限だとかテレワーク、皆さんのおかげで人流は減少しています。人流減少していますのでそうした心配はない」と述べた。記者は感染者の増加について聞いていたが、人流で返すという、これまた質疑として成り立っていない状態だった。そこで私は他社の質問ではあるが更問いをした。

「感染は拡大しています。中止の選択肢というのはないのでしょうか」

「人流も減っていますし、そこはありません」

またしても人流だ。ただ、中止の選択肢はないと明言した。

この日以降も感染者の数は右肩上がりで増加していく。翌日二十八日には東京都の新規感染者数が三千人を超え、記者団からぶら下がりを要請されたものの「お答えする内容がない」として首相はこれを拒否した。私はそれでも何か話すのではないかと思い、首相が官邸を退邸するタイミングに合わせて行ってみた。集まっていた記者団代表が「東京で三千人、全国で八千人の新規感染者が確認されました。どう対応されますか」と声掛けをしたが、無視して歩き去ろうとする首相に思わず、「国民にメッセージを出す必要はお感じになりませんか？」と声を投げかけていた。首相は振り向くことなく官邸をあとにした。

そして、二十九日には全国の新規感染者数は過去最多を更新。緊急事態宣言の範囲を拡大することとなり、ぶら下がりが設定された。

この日のぶら下がり前にちょっと変わったことがあった。ある新聞の記者から「澤田さん、質問はどんなのを用意していますか？」と話しかけられたのだ。以前あいさつした際に「Session」のリスナーだと話しかけてくれた記者だ。

話を要約すると、最近広報官がぶら下がりを打ち切ろうとしてくると何社かで話をしていて、うまく連携したいということだった。

明確な首相の発言を引き出すのが仕事なので、こちらとしても連携は大歓迎である。私たちは事前に互いの質問をすり合わせることにした。冒頭、菅前首相が緊急事態宣言の拡大について言及したあと、質疑応答へと移った。まず朝日新聞の記者が、前日に感染者が過去最多を更新したのになぜぶら下がりに応じなかったのかと問うと、菅前首相は「ぶら下がりは毎日対応することでなくて、一定の方向性を示す中で、今日もこのように対応させていただいている」と述べた。つまり、私が投げかけた国民へのメッセージを出す必要性はないと考えていたのだろう。続いて私が、

「東京は緊急事態宣言が出ているのに感染が拡大している。宣言の効果がなくなっているのでは?」

と質問をしたが、

「いろんな意見があることは承知をしています」

と片づけられてしまった。続いて北海道新聞の記者の、オリンピックの開催で警戒心が緩んでいるのでは? との問いには「オリンピック大会を契機に、たとえば自動車の規制だとか、あるいはテレワークだとか、こうしたことを行っていることによって人流は減少傾向にあり」として、改めて人流が減っているから問題ないとの認識を示した。広報官がここでぶら下がりを打ち切ろうとしたが私は名乗り、次のように質問をした。

「総理は国民の生命と健康を守ることが開催の前提だとおっしゃったが、今の状況はその前提にかなっているのか?」

「前提の中で、最大限の努力をしております。ですから現に一番感染の多いと言われた六十五歳以上の高齢者の皆様、重症化に行く皆さんは当時は二〇パーセントもあったんですけども、今は三パーセントを切っているときもあります。そうしたことで対応はできてるだろうというふうに思います」

私はこの回答を受け、前日に取材で得た専門家の発言と絡めた質問をしようと続けようと思い、再度名前を名乗ったが、ここでまた広報官が出てきた。どうやら更問いをさせずに他社を当てようとしたらしい。現場ではその声は私には全く聞こえず、質問を続けた。すると広報官が突然「お名前をお願いします」と言った。私は前の週に注意されていたのでこの日は質問前にきちんと名乗っている。「名乗りました！」と叫ぶとすかさず質問を続けた。

「総理はいつも六十五歳以上の数字を出すが、そのことが（国民に向けて）『大丈夫だ』というメッセージになってしまっていると（いう懸念が）前日の厚労省会議で出ていた。そのことについてはどう考えるのか？」

「ワクチンによって大幅に減少してるということは事実でありますから、そうしたことをやはり示していくことも私どもの仕事だと思います」

と憮然と答えた。ここでまた広報官が打ち切ろうと前に出てきたが、すかさずテレビ東京の記者が、オリンピック開催が感染者数に影響を与えていないという根拠はあるかと更問いを重ねた。すると首相は「オリンピックについては（中略）対策をしっかりやっておりますので、そこはない、こういうふうに思っています」とだけ述べると、記者の声掛けが続く中、足早に官邸をあとにした。

この日のぶら下がりでは複数の記者が更問いを投げかけ、広報官の声をはねのけて粘り続けた。記者ひとりだけではできないことやわからないことはたくさんある。同僚や記者仲間と力を合わせながら、疑問の解決に向けて進んでいく。そこにはかつて政治部で取材をしていたときに感じた、媒体の違いや会社の壁はないように思えた。一記者、もっと言えば一国民として知りたいことの答えを取材対象からどう引き出し、どう伝えていくか、それだけなのだ。コロナ取材だけでなく、今後もこうした取り組みを続けていきたい。

第五章

声を上げる、声を届ける

ラジオジャーナリズムはどこへ

経験の上に成り立つリアリティ

私は今、国会担当記者として政治について日々取材しレポートしている。振り返ると、私にとって政治は子どもの頃からとても身近な存在だった。当時、我が家にはテレビが一台しかなく、日曜日の夜は「報道特集」が流れていた。サザエさんやちびまる子ちゃんよりも先にTBS記者の料治直矢さんの顔を覚えた。日曜日の朝は「サンデーモーニング」、月曜日は「TVタックル」や「ニュースステーション」と報道番組ばかりを見る家庭に育った。食卓ではスポーツの話題より、民主主義の選挙とは、理不尽をどうただすのか、子どもの権利とは……といった政治や社会問題の話題が主に両親の間で交わされていた。その話の輪に加わりがたいために、私は小学校高学年になると見よう見まねで新聞を読み始めた。

父親は劇団員、母親は演劇鑑賞団体の職員で、両親とも演劇関係の仕事をしていたので、幼少期から息を吸うように演劇を観る生活だった。家は裕福ではなかったが、本を読むことや文化的な体験にはお金をかけてくれる環境だった。私も地域の子どもたちとお芝居をしたり、両親がかかわる演劇のフェスティバルに連れていかれ、知らない大人に面倒を見てもらったりという体験もした。

今でも印象に残っていることがある。私の通っていた小学校では、体操着に学年、クラス、出席番号、名前を書かねばならなかったのだが、東京生まれで学生時代は弁護士を目指していた母親は「子どもの一人ひとりに番号を書いた服を着せるのは、囚人服みたいで人権的に問題がある」と言い出した。その結果、私の体操着にだけ番号は書かれておらず、同級生からは奇異の目で見られた。小学校でも横並びでない者に対する圧力は強い。当時は「この親は何を言い出すのだ。番号があっても良いではないか」と思っていたが、今思えばそれは、周りがどうあろうと、おかしいと思ったことには「声を上げる」という母親のスタンスの表れだった。

そういう家庭に育ったこともあり、いつしか私も理不尽なことを言われた際には、相手が誰であっても言い返すことが多くなり、小中学校では校則や行事について先生とぶつかることもしばしばあった。

高校の進路相談の三者面談で、母親が先生に放ったひと言は忘れがたい。「この子は明日ブラジルに放置されても生き残れるように育ててきました。だから、どこに行っても大丈夫です」。何てことを言うんだと思ったが、私はその言葉にあと押しされるように、生まれ育った福島とは縁もゆかりもない沖縄県の琉球大学に進学した。この沖縄への進学も、今の記者活動に繋がっている。

県内唯一の国立大学の琉球大学は、県中部の西原町というところにある。私が進学したのは法文学部人間科学科民俗学コースで、その名の通り民俗学を学んでいた。沖縄県には今も独自の祭祀が数多く残っており、授業や所属したサークル「沖縄民俗研究クラブ」の活動で各地の祭りを見に行く機会も多く、これまで暮らした福島とは全く異なる文化を知ることができた。

民俗学コースでは毎年夏に離島でフィールドワークを行う。学生は各自テーマを決めて、住民の方に話を聞き、それを報告書にまとめる。これはラジオ記者の取材から報告への一連の流れとほぼ同じだ。初対面の人と長時間話すフィールドワークでは、質問力もだが、間を繋ぐ雑談力が鍛えられた。

沖縄で暮らしたことは、大学での研究と同等かそれ以上に私に影響を与えた。地元紙を読んでいて驚いたのは、「不発弾処理のため〇〇区域で立ち入り規制」といった記事が定期的に掲載されることだ。沖縄県の「消防防災年報」には「不発弾」という項目があり、沖縄戦で「使用された弾薬量は、約二十万トンとみられており、その五パーセントの一万トンが不発弾として残されたと推定されている」とある。そのうち千九百トン以上が不発弾として地中に残っていて、令和元年度だけで五百二十九件の不発弾処理が行われている。毎日県内のどこかで処理が行われている計算だ。七十五年以上前の戦争が今なお地続きで日常に存在している。

琉球大学のある西原町は、在日米軍普天間基地のある宜野湾市と隣接している。私が在学していた二〇〇二年から二〇〇六年はまだオスプレイは配備されていなかったが、ひっきりなしに輸送機やヘリコプターが離着陸していた。大学の上空も飛行経路に含まれているようで、着陸態勢をとった輸送機の轟音が、テスト中だろうとなんだろうと関係なく響いていた。

街に出ても米軍の存在を感じることは多かった。運転免許取得のために自動車学校に通い路上教習に出たときには、日本車規準ではないためラインをオーバーしがちな巨大な米軍車両にビクビクしたし、学生寮の先輩からは「Yナンバー（米軍関係者が乗る車両）はぶつかっても、基地の中に逃げるから気をつけろ」と言われていた。また、琉大生の生活圏の宜野湾市のど真ん中に広大な基地があったものだから、山の上にある大学から海などに遊びに行くには基地をよけるようにして大回りする必要があった。米軍基地は有無を言わさず、沖縄県民の日常のなかに「ある」のだと知った。

私が琉大に進学したのは二〇〇一年の同時多発テロから半年たった頃で、基地周辺の警戒レベルは高かったが、先輩に聞くと以前は年に何度か米軍基地を県民に開放する日があり、そこでは巨大なピザやステーキが格安で振る舞われていたという。

「米軍基地のある日常」を実感した出来事はたくさんあるが、その中で特に印象に残っていることがある。

二〇〇三年二月のことだったと思う。ある日を境に夜間の飛行機やヘリコプターの飛行頻度が一気に上がったことに気がついた。それまでも、夜間に米軍機が飛ぶ音を聞くことはあった。ただ、深夜二時、三時ぐらいまでひっきりなしに飛んでいるのは記憶になかった。その理由は一ヵ月後に明らかになる。

同年三月、アメリカなどの有志連合は大量破壊兵器の保有を理由として、イラクに対し空爆を行った。いわゆるイラク戦争の勃発だ。遠く離れたイラクへの攻撃にもかかわらず、基地の離着陸が頻繁になるということは、アメリカが行っている戦争と沖縄が無縁ではないことを改めて私に知らしめた。攻撃開始と同時に基地の警戒は厳重になった。そのことはつまり、沖縄が攻撃対象になり得ることを意味する。

そして、私の在学中に大きな事故が起きた。二〇〇四年八月十三日、沖縄国際大学に米軍のヘリコプターが墜落したのだ。

沖縄国際大学は普天間基地に隣接し、私が通う琉球大学からは原付で五分ほどの距離だ。周辺には安くて量の多い定食屋がいくつかあったため、私も近くをよく通っていた。米軍の大型輸送ヘリコプターは大学の建物に衝突して墜落、炎上した。乗務員は負傷したものの命に別状はなく、夏休み中でキャンパス内に学生が少なかったのが幸いして、大学側けが人はいなかった。私もちょうど帰省中だったのだが、知人によれば沖縄国際大学周辺は米軍によって封鎖され、警察や消防、それに大学関係者すら事故現場に近づけなかったという。

命の危険にさらされているのに、調査もさせてもらえない。日米地位協定の存在を実感するとともに、この国の主権とはいったい何なのかを考えさせられた。沖縄県外においても、米軍や基地は、沖縄の人々の日常生活と隣り合わせの存在だと報じられる。ただ、四年住んだ実感からすれば、それは「隣合わせ」と呼べる類のものではない。壁一枚隔てた向こうのことではなく、むしろその存在が我々の日常にどんどんせり出して、侵食してくる感覚だった。無視したくてもできない存在なのだ。

沖縄との関係はTBSラジオ入社後も続いた。「Session」のディレクター時代、六月二十三日の慰霊の日前後には沖縄戦に関する企画を担当した。第二次大戦中、一般住民を巻き込んだ大規模な地上戦があった沖縄では、県民の四人にひとりが亡くなった。慰霊の日は沖縄戦の組織的戦闘が終結した日で、沖縄県では休日になっている。ただ、八月十五日の終戦記念日と比べれば県外でその知名度は高いとは言えない。けれども、学生時代は毎年慰霊の日には糸満市にある平和祈念公園を訪れ、手を合わせていたこともあり、この企画は何が何でも放送したかったのだ。

また、記者になってからは、翁長雄志前沖縄県知事の逝去にともなって行われた二〇一八年の県知事選の取材を行った。選挙戦は自公政権が支援する元宜野湾市長の佐喜眞淳氏と、翁長前知事の後継候補で野党が支援する玉城デニー衆院議員（当時）の実質上の一騎打ちとなった。

佐喜眞陣営には国民人気の高い小泉進次郎衆院議員や菅官房長官（当時）が何度も応援に入り、政権との関係性をアピールした。菅氏はなぜか「携帯電話料金値下げ」を公約に掲げるという異例の選挙となった。一方の玉城デニー氏は当初は翁長知事との関係を特段強調しない戦略を取っていたが、中盤戦で翁長夫人の支援を取りつけると、「ウチナーの未来はウチナーンチュが決める（沖縄の未来は沖縄の人が決める）」のキャッチフレーズのもと、中央政界との繋がりをアピールする佐喜眞氏との差別化を図った。この選挙レポートは大学時代の人脈に加え、国会取材で築いた人間関係をフル活用して取材を行い、玉城デニー知事誕生の瞬間を現場から報告した。

さらに、新基地建設のための名護市辺野古の埋め立て工事をめぐり、二〇一九年に行われた県民投票も取材した。ここでは投票した県民の多くが辺野古の新基地建設に反対した。この結果に対し、当時の安倍首相は「今回の県民投票の結果を真摯に受け止め」るとしたものの、「日米が普天間基地の全面返還に合意してから二十年以上、実現されていない。これ以上先送りすることはできない。これまでも長年にわたって県民と対話を重ねてきたが、これからもご理解をいただけるよう全力で県民との対話を続けていきたい」と述べた。

第二次安倍政権以降も、米軍属の男に女性が殺されたり（二〇一六年）、宜野湾市の保育園に米軍機の部品が落下したり（二〇一七年）と、県民の命が危険にさらされるような事態がたびたび起こっている。これを受けて日米両政府は二〇一九年に、軍属の基準を見直す日米地位協定の補足協定を結んだが、日本政府の姿勢は変わらない。事件や事故が起こるたびに、米軍に対して通り一遍の抗議と再発防止は求めるが、日米地位協定の抜本的見直しなどには一切取り組んでいない。沖縄県民の命が危険にさらされようと、県民が辺野古新基地建設にNOを突きつけようと、「丁寧に説明する」とだけ述べ、一顧だにしない日本政府の姿勢は、私が沖縄にいた二十年前から一向に変わっていない。

では、沖縄の世論はどのようなものなのか。一枚岩かというと必ずしもそうではない。普天間返還で合意した革新系の大田昌秀氏（一九九〇～一九九八年在任）のあとの県知事は、稲嶺惠一氏（一九九八～二〇〇六年在任）、仲井眞弘多氏（二〇〇六～二〇一四年在任）、翁長雄志氏（二〇一四～二〇一八年在任）と保守系が続いた。彼らは厳しい県の経済状況を背景に、経済政策の重視を主張し支持を集めた。これも沖縄が抱える問題のひとつだ。個々の思いにはグラデーションがあり、しかもそのときどきで変わる。当たり前のことだが、沖縄をひとつの見方でくくることはできない。

先に触れた知事選のレポートでは、なぜ玉城陣営が「ウチナーの未来はウチナーンチュが決める」というキャッチフレーズを使ったのかを私は「Session」をはじめとするいくつかの番組で解説した。そもそも沖縄にとって米軍基地があることは、自らが望み選び取ったことではない。日本が行った戦争の結果、一方的にもたらされたものだ。にもかかわらず、本土復帰後も基地は残り、日常生活にせり出し、結果県民の生命が危険にさらされる。対策に県民の意見は反映されず一方的に国が決めてしまう。自分たちの生活にダイレクトにかかわることなのに「自ら決められない」というフラストレーションは、住んでいる人間にしかわからない感覚だ。玉城知事は県民の間に常態的に漂う、その感覚をつかんだからこそ支持を得たのだろう。

その一方で、玉城知事の県民からの支持もまた盤石とは言えず、景気が悪くなれば不支持に振れる。沖縄は基地問題を抱えながら、常に大きな揺らぎの中にある。それは一時的に取材で訪れただけではわかりえないことだと思う。よそ者だった私が、人生の一時期を沖縄で暮らした経験によって得たこの感覚を忘れずに、これからも取材を引き続き行いたい。

細部から本質を見る――東日本大震災取材

もうひとつ、現地に住んだ経験が生きた仕事に、東日本大震災取材がある。

記者になって一年目の二〇一一年二月、ニュージーランドで起こった地震の現地取材にパスポートの期限切れで行くことができなかった私は、同年三月十一日、東京都庁にいた。当時は石原慎太郎知事が次の選挙に出馬するかどうかに注目が集まっており、その日の会見で出馬を表明することになっていた。会見は十五時からで、十四時四十六分は都庁六階の記者会見室にいたのだが、スマホを見ていると立て続けにメールが入った。「東北地方で地震。大きな揺れに注意してください」という緊急地震速報だった。

メールを開くか開かないかのうちに、立っていられないような揺れが始まり、会見室で準備に当たっていたカメラクルーは照明機材やENGカメラを必死に押さえていた。私はすごい揺れから身体を守るために壁に寄りかかりながら、不謹慎なのだが、なぜか笑いがこみ上げてきてしまった。TBSラジオ入社前年の二〇〇八年に起きた岩手・宮城内陸地震で被災したときも、同じように笑いがこみ上げてきて止められなかったことを思い出した。その笑いはおそらく、自我を保つための反応だったのだろう。

揺れが落ち着くと、このときはまだ繋がった携帯電話で会社に電話して、上司の指示を仰いだ。上司からは「とりあえず会社に戻ってこい」と言われた。エレベーターは止まっていたので、都庁六階から非常階段を駆けおりると、一階外部にある鉄製の天井が落下していた。

かろうじてタクシーを捕まえることができた私は、西新宿から赤坂のTBSへと向かった。途中もずっと余震が続き、信号で止まるたびに車は大きく揺れた。電車は止まっていて、多くの人が歩道をはみ出し車道に溢れ出し、大渋滞が起きていた。通常なら三十分もかからないところを、一時間近くかかってようやく会社に着くと、TBSラジオのある九階まで階段を駆け上がり、ニュースフロアまで走っていった。

そこではスタッフが総出で地震の情報を放送していた。フロアには各局の番組が放送されているモニターがあるのだが、津波の状況が伝えられ始めていた。ラジオニュースの部長から「ハイヤーを確保したから、とりあえず、川原と一緒に北へ行け」との指令が出た。川原とは、「森本毅郎　スタンバイ！」の金曜日を担当していた川原雅史ディレクターだ。川原ディレクターは当日の放送を終え、デスクで休んでいたところだったそうだ。この時点で携帯電話はほとんど通じなくなっており、妻には「地震で東北に行くことになった。しばらく帰れない」とだけメールを打った。

宮城県仙台市にある系列局の東北放送とは連絡がつかなかったため、目的地は状況確認の意味合いもあって東北放送になった。我々を乗せたハイヤーはなかなか都内を出られず、その間もハイヤーのカーラジオからは次々と被災状況や都内のターミナル駅などからの中継レポートが入ってくる。

私たちは車内で何もできず焦燥感を抱いた。夜になると、各地の津波の被害状況が入ってくるようになった。ハイヤー内のテレビで、気仙沼の町が燃えている映像を見た。見知った宮城の町が壊滅している様子に言葉が出なかった。

最初に降り立った被災地は、茨城県大洗町だ。時間は深夜二時過ぎで、あたりに何があるか暗くて見えないのだが、海岸からは少し離れた場所だったにもかかわらず、地面は海水で濡れていて、あたり一帯に磯の香りが漂っていた。そこでようやく革靴にスーツ姿のまま出て来てしまったことに気づいた。もちろん泥で靴もスーツもドロドロになった。

大洗では、川原ディレクターが放送中の番組に電話で被災状況をレポートして、それからは移動しながら交互に電話レポートを入れていった。翌朝、茨城県水戸市から福島県いわき市に向かう途中で作業服ショップを見つけたので立ち寄ってみると、店内ではお店の方が散乱した商品の片づけをしていた。我々が「買い物いいですか？」と言うと、びっくりした顔をしていた。鉄板が入った安全長靴やウインドブレーカー、下着や靴下、そして作業着と、今後必要になるだろうものを片っ端から買っていった。

三月十二日の昼頃、福島県いわき市小名浜に着いた。何度か来たことがあった海沿いの町は、変わり果てていた。ある住宅の一階部分は完全に水に浸った跡があり、窓ガラスは割れ、津波で押し流された車が頭を下にして立ち上がるように引っかかっていた。

私は当時放送していた「土曜ワイドラジオTOKYO永六輔その新世界」でこの様子をレポートしたのだが、あまりの惨状に、「言葉にしづらい」と発してしまった。それに対してアシスタントを務めていたTBSの外山惠理アナウンサーに「言葉にしづらい?」と、やや怒気を含んだ声で聞き返されたのを覚えている。「ラジオの記者なのだからしっかり言葉で説明しろ」という外山アナウンサーの心の声が電話越しに伝わってきた。そこから、自分が見たものや触れたこと、匂いなど五感をより意識してレポートするようになった。

その日は、いわき市に住んでいた友人の自宅などを訪ねながら取材を行った。川原ディレクターとは、福島第一原発まで向かおうと話をしていた。中には入れないだろうが、状況が気になっていた。しかし、会社に指示を仰ぐと、「どうも原発が危ないようだ。絶対に近づくな」と言われた。仕方なく、津波の被害がない内陸経由で仙台を目指すことにし、私たちは夕食を食べるために郡山市内の食堂に入った。ニュース番組を見ていると、福島第一原発一号機の水素爆発の様子が流れていた。

郡山市に一泊し、山形県を経由して仙台市にある東北放送に着いたのは、三月十三日の夜だった。私たちTBSラジオチームは東北放送(TBCラジオ)の指揮下に入り、TBSラジオの番組にレポートを入れつつ、TBCラジオの番組内でもレポートすることになった。

TBCラジオでは発災直後から生放送を続けていて、交代要員がいない状況だった。物資が足りないだろうと、山形で調達したお菓子や衛生用品をTBCラジオチームの席に持っていくと、たいそう喜ばれた。中でも一番喜ばれたのはたばこだった。放送局は非常時でも放送できるよう食料の備蓄があるほか、弁当などの最低限必要なものは調達できていたようだ。しかし、たばこのような嗜好品はなく、店も開いていないため喫煙者にとっては何よりの差し入れとなったようだ。

私は到着早々、宮城県庁と仙台市役所の取材担当を引き継いだ。県庁や市役所は仙台市の中心部の官庁街にある。庁舎内では各地の被災状況の情報が集められており、それらをまとめて報道局に伝えるのだ。そのほか、ラジオ番組では炊き出しや給水の情報、子どもの検診の延期といった生活に必要な情報をレポートした。第一章でも触れたが、TBSラジオではいずれ起こるかもしれない首都直下地震などの大規模災害に備えて、災害時には記者を現地に派遣している。災害時に必要となる物資や情報とは何かを知るためだ。このとき、給水や炊き出しといったライフラインに関する細かな情報が、いかに被災地の方々に重宝されるかがわかった。

TBCラジオではラジオカー（中継車）を出して中継コーナーを放送していた。それに加えて東京から乗ってきたハイヤーを使ったTBSラジオ中継チームが組織され、二チーム体制で中継を始めたのだが、さっそく問題にぶち当たった。ガソリン不足だ。主要道路が被害を受けていたこともあり、被災地にガソリンが供給されない事態が生じていた。そのため、わずかに入ってくるガソリンはTBCのラジオカーに充てることになった。このラジオカーには、ＴＢＣのアナウンサーと私か川原ディレクターのどちらかひとりが乗ることになった。余ったひとりが何もしないのはもったいない。しかし、ハイヤーを動かすガソリンがない。

私は策を考えた。それは自転車による取材だ。お金を握りしめて自転車屋へ向かい、電動アシスト自転車を一台買った。大学院時代の三年間を仙台市で過ごした私には地の利がある。そこで翌日からはこの自転車にまたがり街に出て、取材、レポートをすることになった。川原ディレクターと一日交代で自転車をこいだ。余談だが、ハイヤーの運転手さんにはこの間ＴＢＣに待機してもらっていた。

ＴＢＳラジオの番組へのレポートは一日あたり五、六回。それをふたりで分担する感じだったのでひとりあたりは二、三回だった。一方、先述したようにＴＢＣラジオは発災以来二十四時間態勢で放送をしていたので、レポート枠は無数にあった。ラジオカー組は、同乗したＴＢＣのアナウンサーと一緒に、事前に決めた目的地を三ヵ所ほど回ってレポートする。自転車組は九時ごろにＴＢＣラジオを出発し、一時間ごとに定時連絡的にスタジオと繋いで先々で中継リポートするシフトだった。

東京で記者をしていた際には一日一ヵ所、五分程度のレポートをする程度だったのが、このときは一日少なくても五、六回、自転車組になると十回近くレポートをすることになった。

さらに一日の取材を終えて局に帰ってくると、ＴＢＣラジオではその日取材したことを改めて報告するコーナーがひとりあたり三十分用意されていた。つまり、一日あたり一時間から一時間半話すことになる。それだけしゃべる機会があったおかげで、私のレポートの技術はどんどん向上していった。特に自転車で取材しているときは一時間に一度レポートの時間がやって来るため、いろんな人に話を聞くし、細かな景色の変化などにも気づくようになった。食堂の行列、走る車の量、道行く人との世間話、すべてが情報だ。

ある日のこと、自転車で仙台市内を走っているときに、バス停にスーツケースを持っている小さい子どもを連れた親子連れがいるのに気づいた。母親と思しき女性は涙を流している。いったんは通り過ぎたが気になって戻り話を聞くと、父親の海外赴任を見送っているところだった。震災があったにもかかわらず、予定どおりのタイミングで赴任となったという。直後の放送でそのことをレポートした。

また別のある日は農作業中の女性に、「スーパーで行列ができていて棚には物がなかった」と道中の様子を話すと、その方は「田舎の人間は畑に行けば食べるものがあるし、コメも取っておいてある。行列に並んでいるのは都会の人だ」とぼそっと話した。確かに福島の私の実家にも、数日間買い出しに行かなくてもしのげる程度の野菜やコメは常に備蓄してあったことを思い出した。また、仙台市内のように直接津波被害のなかった内陸部でも、同じ市内でも中心部と郊外の住民のあいだでは、今回の震災との距離感に差があると感じた。

被災地の外からやって来て取材しているとどうしても「ライフラインが止まった」「救

援物資が来ない」などと一面的にとらえてしまいがちだが、もっと重層的な現実がそこにはあった。メディアは得てして「大きな声」を取り上げがちになるが、小さな声や出来事、日常の何気ない風景のディテールを拾い上げていくことこそ意義があるように感じた。

仙台滞在中は、一日の取材を振り返るTBCの番組に出演し、当時TBSラジオで二十二時から放送していた「Dig」という番組でレポートを終えると、そのまま社屋のスペースで雑魚寝をしていた。川原ディレクターは十日ほどでハイヤーのドライバーさんとともに帰京し、代わりにスポーツ部にいた久保田聡平ディレクターが交代要員として着任した。

市町村によって被災の景色が変わる理由

自転車で回れるサイズの仙台市中心部は津波の被害もなく、たしかにモノやガソリンは足りないものの、大きな混乱はないように見えた。一方、TBCラジオカーで取材した沿岸部は、筆舌に尽くしがたい惨状だった。その中でも特に印象に残った取材先がいくつかある。そのうちのひとつが、避難所となっていた石巻市立住吉中学校だ。

石巻市は中心市街地が津波の被害を受け、東日本大震災で最も多い四千人近い死者・行方不明者を出した。住吉中学校は海からは離れているのだが、三階建ての校舎の一階部分まで浸水し、私が訪れた発災六日目の段階でも床は泥だらけだった。全校生徒三百人少々の学校だったが、周辺の住民たちが次々避難し、最も多いときで二千人以上が身を寄せるマンモス避難所だった。

私が取材したときに避難所の運営をしていたのは、学校の先生たちだった。我々に対応してくれたのが竹内栄喜先生だ。すし詰め状態で生じる小競り合い、人生を悲観して酔って暴れる人、認知症の高齢者による徘徊など、マンモス避難所では様々なことがすでに起こっていると教えてくれた。後述するが、石巻市では当初、市による避難所支援に手が回らず、物資や食料が全く来ない、あるいは来ても足りないという事態が頻発していた。そこで竹内先生はTwitter上で避難所の情報を発信し、必要な物資を求めた。支援者たちはTwitterの情報をもとに住吉中学校に一度物資を届け、そこを経由して近隣のほかの避難所へも物資を運んで行った。ネットを利用したこうした避難所運営は当時まだ目新しく、その後何度も訪れては変化についてレポートしたほか、竹内先生にも折に触れて話を聞かせてもらった。

もうひとつ忘れられない取材先は、東松島市の野蒜（のびる）地区だ。日本三景の松島に隣接する地域で、奥松島とも呼ばれる景勝地だが、津波の被害により地域全体で五百人以上の方が亡くなった。避難所に指定されていた野蒜小学校にも津波が直撃し、避難していた人や避難しようとしていた人が多く亡くなった。私が野蒜地区を訪れたのは発災から丸一週間たった頃だったが、海沿いの集落にある家の多くが丸ごと流されていて、家があったと思われるところに残ったのは、コンクリートの基礎部分のみという惨状だった。

私は地区にある定林寺（じょうりんじ）を訪れた。この寺は津波被害が大きかった野蒜地区中心部から山を挟んだところにあり、津波の直接的な被害は受けていなかった。私がこの寺を訪れた理由は、ここが民間の避難所になっていたからだ。当時被災地では学校などの公的避難所以外に、民家などに多くの方が散らばって避難していた。東松島市では毎日避難所に加え、こうした民間避難所に避難している人数を公表していたのだが、定林寺に避難している人の数が二百人以上とあったことに驚き、訪れたのだった。

応対してくれたのは避難所のまとめ役をしていた高橋幸子さん。高橋さんによると、定林寺には最も多いときで五百人以上の住民が避難していたそうで、その多くが家や家族を亡くしている人だった。ただ、私が訪れた日に会った人たちの笑顔には驚かされた。これまで訪れたどの避難所よりも人々の雰囲気が明るかったのだ。

「あきれるぐらい泣きました。泣きつくしてから立ち上がった。ここにいる人たちの未来は明るい。生きるように組み込まれているんです」と笑顔で話す高橋さん自身も家が津波に流され、生まれたばかりのお孫さんと義理の親を亡くしていた。たった一週間でそう言えるまでに何があったのか、それが知りたくて話し込んでしまった。高橋さんによれば、避難者の中でも、ガソリンが少ないにもかかわらず毎日家族を探しに車で遺体安置所まで行く人たち、家はなくなったけれど幸い一家全員無事だった人たちといったように、それぞれの置かれた状況には差があり、数日たつとそれがだんだんとはっきりしてきた。同時に避難所の人々の関係性が、ぎすぎすし始めたのだという。

「皆、おし黙ったままで。たったひとりになった人もいるし、小学校四年生の子どもに親が亡くなったことをいつどうやって伝えようかと悩んでいる親族の方もいました」

支援する側も避難する側も、いっぱいいっぱい。家族や家を失った悲しみに加え、慣れない集団生活のストレスで限界が迫っている。ここでガス抜きが必要だと考えた高橋さんは、自身のグリーフケアの知識を生かすことにした。高橋さんは看護学校の先生として、生徒たちに周りの人を失ったときの悲しみを癒すグリーフケアについて教えていたのだ。

「ここはお寺だし、仏教の知恵を使えば良いかなと感じました。高齢の人たちが観音様に手を合わせている光景も見られたので、住職に頼んだんです。悲しみでいっぱいだけど、集団の中、みんなに見られてたら泣きたくても泣けない。そういう状況だから、法要をやってもらうとみんな安心して涙を流せるんじゃないかと思ったんです。読経と住職のお話を聞いて、泣いている人たちが随分いて、そういうことで、ひとつの大きな家族の形になっていったんだと思うんです」

避難から四日目、住職の読経により避難者たちは心を落ち着かせた。七日目には初七日の法要が行われた。それ以後、若い世代を中心に、率先して荷物を運んだり、老人の介助をしたりという動きが生まれ、それを見た大人たちが若者たちへの印象を改めていき、避難所の雰囲気がよくなったそうだ。この話をレポートした際は、TBSラジオ、そしてTBCラジオも出演者やリスナーの反応が良かったことを覚えている。ただ、定林寺をあとにするとき、別れ際に高橋さんが口にした言葉も忘れられない。

「ここはいいんですよ。（海側の）家があったところを見なくて済むから」

我々メディアは、聞いた話を良いように解釈しがちだ。震災にまつわる美しい話も多く報じられた。ただ、単に美談として受け取ると、本質を伝えられない。マイクを下ろしたあとに聞ける、心の声のようなところを聞き逃してはいけないと感じた。

内に向けて話すこと、外に向けて話すこと

一ヵ月にわたった滞在型の取材だからこそ、わかったことがあった。今思えば、それは期間だけでなくラジオらしい取材手法を取ったからこそのことだと感じる。

発災直後、ＴＢＣテレビの取材クルーはポイントを決め、そこを起点に周辺取材を展開していた。一方ラジオチームは、ポイントは特に定めず毎日少しずつ移動しながら複数箇所を取材した。自転車で移動しながら避難所を回っていると、同じくらい津波被害を受けたところでも、自治体ごとに避難所の設備や物資支援の量が大きく異なっていることに気づいた。

そのことについて追加で取材していくと、自治体の規模や過去に震災を経験しているかによって、行政側の動きに差があることがわかった。たとえば、住吉中学校がある石巻市は、震災の六年前に七つの自治体が合併してできた市だ。野蒜地区がある東松島市も同じく六年前にふたつの市が合併してできた。いずれも平成の大合併でできた市だが、そこに

はいくつか違いがある。

石巻市は七自治体の指揮系統が一本化されないまま震災の日を迎えたため、連絡系統もバラバラで情報が錯綜(さくそう)した。避難所に物資が行き渡らないばかりか、自宅避難の人数把握もできていなかった。一方の東松島市は航空自衛隊松島基地を抱え、財政的に潤沢なこともあるが、職員はかなり機動的に動けていて、自宅に避難している人や民間の避難所の数も毎日把握していた。

この違いは何だろうと、東松島市職員に話を聞くと、二〇〇三年にこの地域を震源として起きた宮城県北部地震の経験を生かせたという。中堅以上の職員の多くがこの地震を経験しており、災害があった際にどういったことが必要になるか、支援物資や情報の集約をどうするかなどのシミュレーションができていて、東日本大震災ではその通りに動けたのだそうだ。このふたつの市は隣接していて、双方ともに津波で大きな被害を受けているが、行政区によってその後の避難生活が大きく変わる現実を知った。こういった現地取材に基づいた引いた目線でのレポートは、TBSラジオへのレポートの中で多く話した。

一方、TBCラジオのレポートでは引いた視点で大きな話をするよりも、むしろ目の前の被災者の方の話をしっかりと聞き、その言葉を多く伝えるようにしていた。いくつか苦い失敗もした。発災から十日以上たったあるとき、「海沿いでは津波で流された『遺品』を探している様子を見ました」とレポートしたのだが、あとからTBCラジオのスタッフに窘(たしな)められた。

りの品』なんだ」

「まだ、家族を探している方もいる。その人たちにとっては『遺品』ではなく、『手がかりの品』なんだ」

自分の配慮のなさを恥じ入った。被災地に必要とされていたのは、炊き出しや行政サービスなどの日常的に必要な最低限の情報に加え、同じ境遇にある人が共感できるレポートだった。必要な情報を冷静に伝えようとするあまり、受け手を意識できていないレポートをしていたのだ。

宮城と関東で話す内容を変えた事柄はほかにもある。それは被災地で起きた犯罪についてだ。津波の被害を受けた地域では、被災した店舗から物資や現金を持ち去る窃盗行為が起こっており、私も川原ディレクターも何度となくその様子を目撃した。

この件を現地で話すかどうかは、TBCラジオのスタッフとことあるごとに話し合った。その結果、県内での犯罪を助長しかねないとの判断から、TBCラジオではこの案件を話すことを見送ることになった。一方、TBSラジオのレポートの中では持ち去り行為について触れた。私が見聞きしたものについては、販売できなくなったものを持ち去っていた事例だったことや、特に石巻市では先述した理由により物資が行き渡っていない現状があることを伝えた。

逆にTBCラジオで積極的に伝えたこともある。それはデマに関する情報だ。仙台市の沿岸部で、外国人窃盗団が略奪を繰り返しているというチェーンメールが回っていて、取材相手から「こういう情報があるから調べたほうがいいよ」と言われる機会が何度もあった。そこで、私は当該区域を担当する警察署に出向き、被害状況の有無を聞き、そのような事実はないと確認し、ＴＢＣラジオでレポートした。この手の災害が起こると、根拠のない恐怖を煽るような流言が拡散されがちだ。それをしっかり確認してデマだと報じることも震災報道において大きな意味があると感じた。

行政区で生じる差から、個々の避難所の様子、デマの真偽、そして避難者の思いまで――歩き、見聞きして、分析したことを放送する。ひとりですぐに行動できる機動力が強みになったこと。つい聞き逃しがちな小さな声を拾い集め、放送でそれを伝えられたこと。リスナーに共感して聴いてもらえたこと。ラジオ報道の魅力に気づいたという意味でも、東日本大震災の取材は、現在に至る私の記者人生の進むべき方向を決めたのだ。

東京から伝え続ける意味、演劇を通して福島に向き合う

取材先では「いつも農作業しながらラジオ聴いているよ」「営業車で番組聴いてる」と声をかけていただくことが多かった。また、レポートを終えて自転車で走っていると、車のドライバーからクラクションを鳴らされることもあった。まるで「今、車でレポート聴いていたよ」と言われているようで嬉しかった。宮城はリスナーとの距離が近く、顔が見えるのだ。東京の放送局の方が多くの人に伝えることができる反面、リスナーの顔が見えにくい。繰り返し放送される津波の映像や、荒れ果てた景色を目にしたくないから、テレ

ビは見ずにラジオを聴いているとの声もあった。ラジオ報道が受け手に与えているものの大きさに気づきつつあった。

東京に帰ったあとも、私は現地にたびたび出向き、被災地の取材を継続して行っていた。TBSラジオで放送していた「荒川強啓デイ・キャッチ!」では、パーソナリティの荒川強啓さんが宮城の大学に通っていて、知人も多いことから、毎年被災地にまつわる特集を行っていた。私は震災時に記者をしていたが、当時は記者職を離れ、別番組でディレクターを担当していたのだがレポートをさせてもらった。私はこの頃、真剣に被災地の放送局への転職を考えていた。私は取材を続けたかった。

その話をすると荒川強啓さんがこう語り始めた。

「澤田くん、君は東京にいたほうがいい。この震災を忘れないように、被災地の出身者が東京から伝え続けることが大事なんだ」

確かに、月日を経るごとに震災について報じられる量は減っていた。東北で育ち、震災を取材した人間が、被災地の現状を伝え続けることの大事さに気づかされた。強啓さんのこの言葉がなければ今の自分はなかった。感謝してもしきれない。

東日本大震災で忘れてはならないのは、福島第一原発事故による被害だ。こちらについては、原発取材をライフワークとして行っていた崎山記者が発災当初から詳しく報じていた。

福島は生まれ育った愛着のある土地だ。だが震災以降、東京で伝えられる「フクシマ」のイメージは放射能により人が住めなくなり、多くの人が避難を強いられている荒廃し切った土地というものだった。私は実家に帰省した際に状況を聞いてはいたが、震災が起きてしばらくは地元の福島とうまく向き合えずにいたのも事実だ。冷静に取材し、伝えることができないような気がしていた。

そんな私が福島と向き合うことになった直接のきっかけは、TBSテレビに出向していた二〇一五年に「サンデーモーニング」の震災企画を担当したことだ。取材で初めて大熊町の帰還困難区域の中に入った。滞在を許されたのは数時間で、しかも被ばくを防ぐためのタイベックスーツを着用し、帰りには検査場で被ばくしたかどうかのスクリーニング検査を受ける厳重なものだった。

帰還困難区域の中で見たのは、そのまま人が住んでいてもおかしくないように見える家々と、それとは対照的に手入れがされぬまま荒れた畑や庭、そして町中を闊歩する猪などの野生動物の姿だった。街には当然ながら工事関係者以外の人がいない。街の中心部の駅で手元の線量計を見ると、東京の数百倍の放射線量を示している。震災から四年たった町は恐ろしいほど静かで、しかし未だ終わっていない原発事故の影響を感じさせた。

次に福島と新たなかかわりができたのは二〇一九年。私は「アフター6ジャンクション」の中で、二〇一八年から高校演劇についての取材をしていた。私と番組のパートナーを務めるTBSの日比麻音子アナウンサーが、ともに高校時代演劇部だったことから始まった企画で、これが思いのほか好評で翌年も放送することになったのだ。二〇一九年には佐賀で行われた高校演劇の全国大会を取材したのだが、そこに出場し優秀賞を獲得したのが、福島県立ふたば未来学園だった。留学生との交流を通じて、自らの被災体験を舞台に載せた作品で、震災について生徒たちの物理的、時間的距離が表現されていた。被災体験が一面的ではなく、多面的なものだということに気づかされる作品だった。

このふたば未来学園は二〇一五年にできた学校で、福島県双葉郡広野町にある。双葉郡には福島第一原発と福島第二原発が立地している。原発事故でほぼすべての住民が避難し、学校も避難先で続けられた。事故から日がたつと、郡内でも住民の帰還が始まる町が出てきたが、郡内に学校がない状態だったため、拠点となる中高一貫校を新たに作る話が持ち上がり、そうして設立されたのがふたば未来学園だ。

全国大会の上演後、顧問の齋藤夏菜子先生と話すことができた。ふたば未来学園では学年全員が受ける演劇の授業があって、講師を劇作家の平田オリザ氏が務めているとのこと。その授業に興味を持ち、二〇一九年の十月に取材することにした。

この演劇の授業は、一年間かけて行うプログラムになっている。春から夏にかけては郡内のいくつかの町や、被災したままになっている施設を回るバスツアーを行い、地域の大人に学校に来てもらって話を聞く。その後、夏から秋にかけてインタビューの仕方やフィールドワークの作法、演劇の作り方を学び、実際に生徒たちがインタビューやフィールドワークを行う。冬はグループごとに一週間かけてそれまでの活動で得たことを一本の芝居に仕上げていく。

私が取材したのは演劇を作っていく過程の初日で、平田オリザ氏が生徒たちとワークショップをしていた。

この学校には双葉郡内に家がある、またはあった生徒だけでなく、県内各地から、そしてスポーツに力を入れているため県外からも進学者がいる。そのため震災や福島に対する生徒たちの思いには、相当なグラデーションがあるといっていい。平田氏は今はアスリートにはメディア対応の訓練が必要とされていて、そこには演劇的要素が役立つこと、原発事故以降、福島には「＝原発」というイメージがついてしまい、外の人から見た福島は生徒たちが見ている福島とは異なることなどを伝え、生徒たちの授業に対するモチベーションを上げていく。

その後は、ペアになって背中をくっつけた状態で座りそのまま立ち上がったり、手を使わずペアの相手を背中の上にのせて揺らしたり、身体を使った動きをすることで生徒間の信頼を高めていっていた。こうしたワークショップを繰り返し、「演じること」へのハードルを下げていくのだ。

並行して、生徒たちは地域の大人たちへのインタビューを行っていた。漁協の職員、消防署員、介護施設の施設長、保育園の職員、町おこしNPOのスタッフ、東京電力の職員、放射性廃棄物中間貯蔵施設の建設に携わるゼネコン社員など、大人たちのバックグラウンドは多岐にわたる。「震災のときは何をしていた？」「どんな大変なことがあった？」「今はどうなっている?」と高校生たちが質問をぶつけていくのだが、事前に用意した質問がなくなり、黙ってしまったり、逆に会話が弾んでキャッチボールを繰り返していったり、チームによってインタビューの質はいろいろだ。それでも、様々な地域からこの学校に集った生徒たちが、双葉郡で生きる大人たちに興味を持ち、話を聞くことを通して土地に向き合っていく様子が伝わってきた。

公演の一週間前になると、いよいよ演劇作りに本格的に取り組む。いきなり脚本を作るのではなく、「人の出入りがあること」「内部にいる人と外部にいる人がいる」「それぞれの思惑があり、困ったり、困らされたりする」などあらかじめ用意されたフォーマットに、フィールドワークで調べた内容を落とし込んでいく。高校生たちは葛藤する大人たちの様子を描くことを平田氏に求められていた。

私は「Session」でこの授業の様子を取り上げた。そして、ある作品をノーカットで放送した。震災当初、介護施設の職員が、避難所にいる両親の面倒を見るよう周囲から意見され、葛藤する、という八分程度のもので、もちろん映像はないが、主役の職員役の生徒の朴訥(ぼくとつ)とした語りの雰囲気がきちんとリスナーにも伝わったと思っている。いずれも生徒たちが取材に基づいて描き出した福島の大人たちのリアルだ。

映像がないのに伝わる理由は、演劇が様々なものを受け手の側が補完して鑑賞する表現というのもあるだろう。舞台は、物語にあわせて森になったり街になったりするし、衣装や小道具だって、本物とは違ったりするはずだ。しかし観客はそこに文句を言わない。むしろ補完する部分が多くあればあるほど、受け手に刺さる度合いが深くなることもある。映像という強いインパクトがない分、受け手が自ら想像をはたらかせて補完し、生徒たちの言葉の一つひとつが、自分の中に入ってくる。音しかないラジオでしか伝わらないことをまたひとつ見つけた。

被災地の演劇作品をラジオで紹介する意味は、今福島の子どもたちが置かれている現状を彼らの声で伝えることができた点にある。そして、彼らが演劇に取り組む姿勢、作品を作り上げる過程、生み出された作品を通して、震災とどう向き合っていくかをリスナーと共有することができたと思っている。

二〇二〇年にも私はこの学校を再び取材した。震災から十年近くがたち、体験を伝承する語り部の話を、若い世代が聞いてくれない現実について描いた作品が上演された。東日本大震災が、十代の若い世代にとってはすでに共通体験として通用しなくなっている現状を伝えるもので、インタビューされた側の語り部の人も上演後、「伝承活動をやっていると、信念に燃えて客観的な反応を見落としがちになる。こちらが努力しなきゃいけないことを教えられた」と語った。

一方、演じた男子高校生は先生に対し、「心が痛い」と言った。それは一生懸命伝えようとして行っている伝承活動を真剣に聞いてもらえないというエピソードを、役を演じる中で内面化したためだ。演劇は、インタビューを受ける地域の大人たちにとっては自らの経験や活動を自省する機会に、演じる高校生たちにとっては自分が知らなかった地域の歴史や大人の思いを知り、自分事に落とし込む機会になっている。また、震災から年月が経ち、被災地が直面する風化という現実も描いていた。

被災地の出身で、被災地取材を継続的に行い、かつ演劇部出身だった私のバックグラウンドまでをリスナーにも知ってもらったうえで、プロでなく演劇部でもない高校の生徒たちが作り上げた舞台を丸々一本、音声だけで放送するというのは例がないように思う。もしテレビでやろうとすると、セットや小道具もなく、ジャージ姿の高校生が演じる舞台は「冗長で観ていられない」「間が持たない」などと様々な理由をつけられて放送できないだろう。だが、ラジオでは、高校生の声だけでリスナーに彼らが演じている状況を伝えることができる。むしろ、映像がないことが長所になる。また、取材者の私のバックグラウンドについて知ってもらえるのも強味で、ラジオでしかできない企画だなと思う。

二〇二一年は東日本大震災発災から十年の節目の年だったので、「アフター6ジャンクション」で「震災と高校演劇特集」という企画を行った。東日本大震災を高校演劇ではどう描いたのかについて、劇作家・演出家の工藤千夏さんを迎えて紹介した。

中でも印象に残ったのが、相馬農業高校飯舘校が二〇一六年に上演した『――サテライト仮想劇――いつか、その日に、』だ。東日本大震災によって福島県の一部の高校は、「サテライト校」として県内各地に移転を余儀なくされた。相馬農業高校飯舘校のあった飯舘村は原発から四十キロ程度の場所にあるものの、放射線量が高いため全村避難となり、福島市内にサテライト校舎が設けられた。

物語は設置から六年目を迎えた相馬農業高校飯舘校サテライト校舎が舞台。生徒の中に飯舘村出身の生徒はほとんどおらず、大半は周辺の福島市の生徒だ。本作は、そんな飯舘校が飯舘村に帰る日を「仮想」して作られた作品で、描かれるのは、村に戻る学校、教師たちに対し、それにはついていかない生徒の心の葛藤だ。

「戻らない」選択をした生徒たちにとっては、サテライト校こそが母校なのに、村に「戻る」ことが勝手に決められ、自分たちの思いは取り残される。本人たちとは関係のない理由で、母校がなくなるのだ。大人の決定のしわ寄せはいつも子どもたちに来る。震災のもたらした故郷の喪失が、年月を経て「新たな喪失」を生むことを描いた作品で、福島が置かれた、原発事故後の終わりなき日常が胸に迫ってくる。そして、沖縄と同じく「自分のことは自分で決める」ことをできなくされた福島という地の存在に気づかされるのだ。

私が取材してきた東日本大震災と高校演劇取材がクロスオーバーし、新たな番組に繋がった例だ。高校生たちが紡ぎだす言葉は、社会を映す鏡だ。一つひとつは小さくても彼らが上げた声には、大人たちも耳を傾けるべきだと感じた。

ラジオは斜陽メディアなのか——始まった新たな取り組み

私がTBSテレビの政治部に出向していたときに、とても驚いた出来事があった。ある政治家の事務所にあいさつ回りに行くと、目当ての議員はあいにく不在だった。しかし、秘書と話していると、執務室のソファーから男性があくびをしながら起き上がってきた。あるテレビ局の政治記者だった。ほかにも議員会館の議員事務所の中にデスクがある記者がいるという話も聞いた。特に政治記者は、取材対象との近すぎる関係に無自覚すぎると感じる。その近さは、権力に対峙するメディアとしての存在意義を揺るがすものとすら思えた。

最近では多くの記者会見がインターネットで中継され、アーカイブが残されるようになり、記者と取材対象とのやり取りの全容が、受け手に可視化される機会が増えた。それはよいことだと考えているが、可視化と同時に、特に政治分野においては既存の報道に対する受け手の離反が始まったように感じる。

そのような現状を打破する糸口になるのではと私が注目しているのが、記者の「見える化」だ。新聞業界の事例を見てみよう。新聞は、ネットの進展とともに読者を減らしてきた。日本新聞協会が公表している「新聞の発行部数と世帯数の推移」によれば、新聞の発行部数は二〇〇〇年から右肩下がりとなっている。一般紙とスポーツ紙を合わせた新聞発行部数は二〇〇〇年には約五千三百七十万部だったのに対し、二〇二〇年には約三千五百万部となり、この二十年ほどで二千万部も減少している。

新聞業界が見出した活路が紙からの脱却、そしてSNSを含むネットでの展開だ。各紙とも電子版で購読できるようになった。朝日新聞や毎日新聞の現場記者の中には、実名でSNSアカウントを持っている人が多い。また、毎日新聞の宮原健太記者のように、You

Tubeで発信している人までいる。彼ら彼女らは一個人としての意見を述べるとともに、新聞社の記者としての見方や自身の書いた記事の告知もしている。私自身、それらのツイートをきっかけに記者や記事の存在を知り、継続的に書いた記事をフォローするようになったこともある。記者がＳＮＳで実名で語ることは、読者にとって推しの記者との出会いを生むことに繋がっている。

我がラジオについて改めて考えてみると、あまり卑下した物言いをしたくはないが、テレビが登場したときから数十年間斜陽と言われ続けながらも、生き残ってきたメディアだ。ラジオはテレビとは異なり、チャンネルを頻繁に変えるザッピングがされにくいメディアだと言われることもあるのだろう。リスナーは時計やＢＧＭがわりに、何かをしながら番組を聴いていてくれている。だが、ラジオが聴かれることが多い場所のひとつである自動車の保有率は低下し、ラジオ受信機自体を持っていない人も増え、アクセスする人自体が減っている。

しかし、音声コンテンツ市場全体に目を向けると、見え方は少し変わってくる。先述した音声ＳＮＳの「Clubhouse」や、「Spotify」などのプラットフォームが提供するPodcastなど、音声コンテンツが今、多くの人に聴かれている。

音声コンテンツ市場は世界でも拡大していて、アメリカのインターネット広告団体ＩＡＢ社のレポートによると、二〇二一年度のアメリカの音声広告費はおよそ千百億円に達するとみられている。コンテンツの作り手はタレントやアーティストだけでなく、個人まで広がり、音声コンテンツ分野は今まさに花開き始めている。その背景にはインターネット環境が整い、世界中いつ、どこからでもこれらのコンテンツにアクセスでき、プラットフォームが整い配信が容易にできるようになったことがある。

また、ネット環境の充実はラジオにも恩恵をもたらし、二〇一〇年にパソコンやスマホでラジオが楽しめるアプリradikoが導入されたことをきっかけに聴取環境が向上したことで、番組を従来の「ながら聴き」以外のスタイルで多くの受け手に向けて発信できるようになった。

TBSラジオでは「Screenless Media Lab.」を立ち上げ、認知科学や情報科学の成果を活用し、幅広い分野での聴覚的なメディア体験の研究をしている。また、「AudioMovie」として音声にこだわった作品の配信をしている。ただ、難しいのは多くの人に聴かれるものが必ずしもクオリティが高いものとは限らないことだ。メディアには、コンテンツの質を担保しつつ、多くの人に出会ってもらえる機会を創出することが求められている。

その点において、ラジオはTwitterをはじめとするSNSとの相性の良さが、ひとつ大きなプラス要素として挙げられる。たとえばリスナーが番組の内容をSNSで実況して楽しんだり、おもしろい部分を音声つきでシェアしたりすることも可能だ。つまり、ラジオの受信機を持っている人だけでなく、それまでラジオに一度も触れたことがなかった層にも届けることが可能になったのだ。タッチポイントを増やして、いかにラジオと出会ってもらうかが、ここ数年のラジオの大きなテーマになっている。

ラジオ報道としても、二〇二一年夏に新たな取り組みを始めた。それが「Session実況ライブ!総理会見を聴く」だ。近年、動画サイトで記者会見のライブ配信が行われるようになった。しかし、ただ会見動画を見るだけではちんぷんかんぷんで飽きてしまうだろう。そこで、「Session」の荻上チキさん、南部広美さん、そして私の三人でYouTube LIVEを使い、首相記者会見の実況副音声配信を始めたのだ。

もともと私は記者として首相会見には入ることができたのだが、コロナ禍で会見は一社ひとりまでという人数制限がつくようになり、会見に参加できず中継を見ることが多くなった。それを逆手にとって始めた配信で、限られた記者しか参加できない会見だということも毎回話し、メディアが置かれている現状も伝えている。

首相の会見はテレビでも中継されるが、多くの番組では首相の発言中は記者が口を挟まず、事後に解説をする流れになっている。しかし、この配信では発言中に「この質問には答えていないですね」「記者がいい質問をしましたね」など副音声的にコメントを挟んでいくのが特徴だ。チキさんが要点や論点をまとめ、私が日頃の取材からコメントを挟み、南部さんが聴取者に近い立場から意見を述べる。このやり取りを繰り返すうちに、首相の答弁の物足りない部分やメディアの追及の甘い部分が可視化され、私自身の取材にも大きなフィードバックがある。チャットやTwitterに入る視聴者のコメントを見つつ、会見を有機的に見ることができる取り組みだと感じる。

YouTubeの画面上にいるのは出演者三人のみで、映像の変化はほぼない。YouTubeを使っているが、音声配信に近いと思っている。にもかかわらず、毎回数千人にリアルタイムで見てもらえているほか、アーカイブを含めると数万回の閲覧数がある。嬉しい反面、それだけ視聴してもらえているのは、内容もだがリスナーが送り手の我々のことを多少なりとも信頼してくれているのではと思うのだ。既存の報道に対する不信の表れなのではないかとも思ってしまう。

多くのメディアは会見の中から一部を抜き出して報道する。その内容が果たして報じるべきものなのかと疑問を持っている人も少なくないのではないか。

信頼を得るためには、毎日何をどう報じているかが問われる。送り手側としては、毎日聴き続けてもらえるように生活者目線を忘れず、さらに報道によって新たな価値を提供できる存在であり続けねばならない。小さい所帯でフットワーク軽く動け、新たな取り組みにチャレンジできる土壌があるのだから、それを生かさない手はない。新たなラジオの聴き方、ラジオ報道のあり方について、模索しながら進む日々が続いている。斜陽産業と言われて久しいラジオではあるが、日々の報道内容によって信頼性が担保されるからこそ、こうした新たな音声コンテンツ市場の中でも優位性を確保できるのではないかと考えている。

声を上げ続けること

私はこの一年間で三人の首相経験者に質問する機会を得た。そして三人から怒りをあらわにされてきた。

二〇二〇年十二月、囲み取材から足早に立ち去ろうとする安倍元首相に対し、これ以上「お話しされないのか」と質問を投げかけた。安倍氏は振り向いて戻ってきて「私が背中を向けた段階で言わないでいただきたい」と私に苦言を呈すと、質問には答えず去っていった。

二〇二一年二月、森オリンピック・パラリンピック組織委員会前会長の女性蔑視発言をめぐり、「オリンピック精神に反するという話もされていましたけれども、そういった方が組織委員会の会長をされることは適任なのでしょうか」と問い、「さあ？　あなたはどう思いますか」と返されると、「私は適任ではないと思うんですが」と述べた。すると、森氏は「おもしろおかしくしたいから聞いてるんだろ」と逆上し、「いや、何が問題と思っているかを聞きたいから、聞いているんです」と問うても質問に答えてもらえなかった。

二〇二一年七月、菅前首相に対し、東京オリンピックの開催について、「(首相の言っていたことと現実が）異なっていることはお認めになるということですか？」と更問いした。それに対し菅前首相は、質問を制するように、身体の前に手をかざすと、「ちょっと、ルールを守ってください」とすごんできた。

いずれの質問も、「おもしろおかしくしてやろう」とか「怒らせてやろう」と意図したものではない。どの質問もその場で聞かねばと思い、声を上げたものだ。いずれも過去の発言や行動のファクトをもとに質問し、責任について問うてきた。

ＩＯＣ、組織委員会、菅前首相……この一年を通してわかったのは、権力者たちは責任を取らなかったということだ。

東京オリンピックをめぐってＩＯＣは「緊急事態宣言中であってもなくても、開催する」（コーツ調整委員長）などと繰り返し、コロナ下で開催を強行した。開会したあとも、都内の感染が拡大するのを横目に、オリンピックは「パラレルワールドだ」と言い放ったほか（アダムス広報部長）、滞在中のＩＯＣバッハ会長は銀ブラを楽しみ、自らが作ったプレーブック違反を堂々と犯してしまう事態となった。

無責任だったのは日本側も変わらない。大会開会後には弁当や医療用品の大量廃棄に始まり、パラリンピックの子どもたちの学校単位での観戦をめぐっては、責任の所在をあいまいにしたまま進め、実際に感染者が出る事態となった。それに対し、武藤事務総長は「この問題は教育委員会の問題」と述べた。あたかも「組織委員会は関係がない」と言わんばかりの言動だ。さらに女性蔑視発言で辞任した森前会長に対し、組織委員会が名誉最高顧問のポストを用意したと報じられ、無責任体質は全くと言っていいほど改善されなかった。

そして、最後は菅前首相だ。新型コロナワクチンの大規模接種を進めたこと、抗体カクテル薬を多くの医療現場で使えるようにしたことなど、客観的に見て功績と言えるものはあった。

しかし、ワクチン・治療薬以外のコロナ対応のまずさが目立った。「国民の生命と健康を守るのが開催の大前提」と答弁しながらも、オリンピックに突入した。結果、支持率は低下し、最終的には党内の総裁選にも出馬できず、自身の首相としての責任を放棄して退任した。

彼らの発言や行動については、いずれもメディアが声を上げて問題だと指摘してきた。だが、オリンピック関係者は一時は殊勝な言葉を述べても、その実態や体質は一切変わらなかったし、菅前首相の発信や説明不足は最後まで続いた。

それでは、私たちが声を上げたことは意味がなかったのだろうか。

それは違うと思う。たとえば、菅前首相のコロナ対応や説明不足の姿勢に不満があった多くの人がメディアの世論調査や、SNSなどで声を上げたからこそ、彼は総裁選不出馬に追い込まれ、後任の岸田首相が「聞く力」を強調し、説明することに重点を置く姿勢を見せることに繋がった。

組織委員会は森氏の退任を契機に、後任の橋本会長のもと、ジェンダー平等を目指し、女性理事の比率を二〇パーセント台から四二パーセントまで引き上げた。また、JOCも女性理事の数がこれまでの五人から十三人へと増加し、比率で見ても四〇パーセントを超えた。これは去年まではあり得なかったことだ。森氏の発言をきっかけに声を上げた人たちが、その声で世の中を動かした結果だ。

顔の見えるメディアへ

人々の声を伝えるのがメディアの仕事だ。ただ、メディアの側も盛り上がりが終わってしまえば、いつの間にか次の話題に移り、総括を行わないまま権力者たちの問題を見過ごすことに加担してきた側面もある。また、これまでメディアでは記者が個性を出すことはよしとされず、透明な存在であることを求められてきた。それゆえ会見の映像を使う際にも、質問する記者の音声はカットすることが当たり前だった。しかし、会見における記者の質問ひとつをとっても言葉の選び方、聞き方に個性が出るのはこれまで書いてきた通りだ。

テレビにおける話し手はMCや司会者と呼ばれる。だが、ラジオのそれはパーソナリティと呼ばれる。つまり、ラジオとは話し手のパーソナルな面が受け手に伝わるメディアなのだ。ラジオというメディアは、話す人の「人となり」をずっと伝えてきたのではと感じる。そしてそれこそがブレないラジオの特性なのだ。

私が入社した頃のTBSラジオで言えば、永六輔さんや小沢昭一さんといったレジェンドたちが健在だった。彼らはラジオの存在感が今よりもずっと大きかった時代から、長年リスナーとともに、モノの見方や人生の悲喜こもごもといった、普遍的な価値観を共有する空気を紡いできた。

若手時代にスタッフとしてかかわることができた森本毅郎さん、遠藤泰子さん、小島慶子さん、荒川強啓さんは、ラジオという場を大事に思い、リスナーの居場所を自ら作っていた。その姿から私は多くのことを学んだ。

そして、荻上チキさん、南部広美さん、武田砂鉄さん、ライムスター宇多丸さん、ジェーン・スーさんにも、リスナーと関係性をどのように築いていくのかを現在進行形で見せてもらっている。ほかにもたくさんの尊敬するパーソナリティの方々がいる。それぞれのパーソナリティが自身のバックグラウンドも含めて真摯に言葉を発し、リスナーはそれをキャッチして反応し、パーソナリティがそれをまたキャッチし、リスナーに返すという好循環が生まれる。

それは記者も変わらない。私は日々、名前を出して「Session」や「ネットワークトゥデイ」で取材内容をレポートし、金曜日に放送している「アシタノカレッジ」では四十分という時間を使いながら、その週にあったことを取材の裏側も含めて伝えている。何かを暴露したいのではない。他メディアが報じないことでも、取材の現場で何が起こったのか、私の五感をフルに使って得た情報をリスナーに伝えたいのだ。

そして、パーソナルなメディアであるラジオでは嘘をつけない。私ならば、質問の仕方や報じ方、番組で高校演劇や男子校について取り上げたことをすべてまとめ、「記者・澤田大樹」というパーソナリティを受け入れてもらい、聴いてもらっている実感がある。おこがましい話ではあるがTBSラジオのパーソナリティたちと同じように、音声メディアであっても受け手から「顔が見える存在」として認識してもらい、日々ニュースを伝えているのだ。

それゆえ森氏会見の件があった際も、リスナーたちは「澤田はこういう人だから」「男子校特集の地続きの質問だった」などとSNS上で援護する投稿をしてくれた。私も、顔の見える「個」として受け手に認識されていることをわかっているから、会見でも対取材相手との関係ではなく、対リスナーとの関係の中で恥ずかしくない報道をしようと心がけている。取材対象にどう向き合ったか、自分の振る舞いを常にリスナーに〝見られている〟と感じている。そのことが森前会長、IOCのバッハ会長、菅前首相らの取材における、「厳しい」とリスナーに評してもらった質問に繫がっている。受け手が見えているからこそ、緊張感をもった報道ができているのだ。政治家相手の会見では取材対象者との関係性を重要視するあまり、厳しい質問ができない記者たちの姿を何度も見てきた。

自分のパーソナルな視点と、そこから一歩引いたジャーナリストとしての客観性。ラジオではその両方をブレンドしながら報じられる。だからこそ説得力をもたせて情報を伝えられる。

ラジオ報道の記者としての私にとっての「正しさ」は、自由・平等・人権といった普遍的価値の大切さがベースとなっている。

そして、私が希求するのは、ジェンダー平等でフェアな社会の実現だ。「正しさ」をアップデートさせながら、おかしな点があれば指摘し、それを正すべく報じていく。顔の見えるたったひとりのラジオ記者として、今後も。

あとがき

本書を書き始めたのは二〇二一年の三月だった。それから半年以上が経過し、私たちを取り巻く様々な社会状況が変化した。

一年前とは比べものにならないほど、国内の新型コロナウイルスの感染者は増加した。その最中に、東京オリンピック・パラリンピックは開催された。この事実は、私たちの社会にいかなるものをもたらすのだろうか。たとえコロナ禍にあったとしても、これまでの日常をなんとしても維持したいと考える人々と、コロナ禍を機に全く違うライフスタイルを模索する人々との分断が生まれたようにも感じる。

オリンピックひとつをとっても、選手、政治家、メディア、都民、全国四十六道府県民……立場によって、見えているもの、とらえ方はまるで異なることがあらわになった一年だった。同じメディア界にいても、スポーツ部の記者ならば選手に寄り添った報道をしたいと思うだろうし、社会部ならコロナの感染拡大とのかかわりを報じ、政治部なら責任の所在について問う報道をする。テレビでオリパラ関連のニュースを見ていると、ひとつの事象にも複数の見方があるはずなのに、一面的で単純化した報道が多いと感じた。それは果たして視聴者が求める報道だったのか。

TBSラジオでは、メダルラッシュ報道からは一定の距離を置き、メディアセンターの運営方法や取材における感染対策を報じるなど、TBSテレビとは異なるスタンスで報道を行った。ただ一方で、純粋にオリンピック・パラリンピックを楽しみたい人を置いてきぼりにしてしまったのではないかという疑問も残った。どういった形の報道が求められているのか。閉会式が終わってしばらくたつ今も、その答えは出ていない。

政治報道についても同じだ。この半年で菅前内閣が倒れ、自民党総裁選が行われ、新たに岸田内閣が発足した。このあとがきを書いている数日後は総選挙である。その間、メディアの政局を中心とした政治報道は相変わらずだった。

しかし、本文で書いたように従来の政局報道はあまり求められていないことが、コロナ以後少しずつ顕在化し始めてもいる。今真に求められている報道とはどのようなものか。それに対する答えのひとつが、記者が「私目線」で語ることだと述べた。同時に客観的かつ多角的な視点を持つこと。それを両立させるためには、自分の担当以外に幅広い分野に興味を持ち、多くの知見に触れ、学び続けることが必要になる。それでも万人に満足してもらえる完璧な報道はないと思っている。変わり続ける社会に対して、どのように順応しながら報じていくのか。これからも模索を続けていきたい。

最後にこの本を書くにあたり、以下の皆さんにお礼を申し上げます。きっかけをくださった武田砂鉄さん。私にいつも様々な視座を与えてくださっている荻上チキさん、南部広美さん。「金を稼ぐ」と言って入社した私を、ラジオ記者という天職に導き、自由に取材することを許してくださっている長谷川裕部長をはじめとするTBSラジオの皆さん。取材先で細かな質問に答えてくださるTBSテレビの皆さん、時に相談相手になりながら報告の場を作ってくださっている野口太陽プロデューサー、ならびに「Session」スタッフの皆さん、「アシタノカレッジ」スタッフの皆さん、ラジオニュースを担当する皆さん。そして、若造だった私にニュースのプロとして仕事の厳しさを教えてくださった森本毅郎さん、遠藤泰子さん、荒川強啓さん、関口宏さん、かかわってくださったすべての皆さんに感謝いたします。また、遅筆で悪文の私の文章を形にしてくださった亜紀書房の田中祥子さん、本当にありがとうございました。

最後にこの本を手に取ってくださった読者の皆さん、そしてリスナーの皆さんに心より御礼を申し上げます。

澤田大樹
Daiki Sawada

1983年福島県生身。演劇一家に生まれ、高校時代は演劇部で演出を担当。民俗学を学ぶため琉球大学に進学し、クイズリークルに所属。大学院は東北大学に進み、教育学を学ぶ。当初は広告業界への就職を目指していたが、紆余曲折あり2009年TBSラジオに入社。バラエティー番組ADを経て2010年にラジオ記者となる。東日本大震災取材後、2013年にTBSテレビに出向し報道局政治部記者、ニュース番組ディレクターを務め、2016年に再びTBSラジオへ戻る。ニュース番組のディレクターを担当したのち、2018年からは国会担当記者となる。取材範囲は政府、国会、省庁のほか、新型コロナ、東日本大震災、高校演劇など。好きな色はピンク。

ラジオ報道の現場から
声を上げる、声を届ける

2021年12月4日　第1版第1刷発行
2022年1月8日　第1版第3刷発行

著者　澤田大樹

発行者　株式会社亜紀書房
〒101-0051
東京都千代田区神田神保町1-32
TEL　03-5280-0261
https://www.akishobo.com/
振替　00100-9-144037

DTP・印刷・製本　株式会社トライ
https://www.try-sky.com/

ISBN978-4-7505-1715-5 C0095

好 評 既 刊

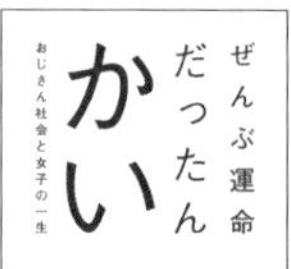

『ぜんぶ運命だったんかい　おじさん社会と女子の一生』
笛美 著

容姿で判断され、会議では意見が通らず、男性とは賃金の差をつけられ——この社会は、女性がひとりで生きていくことが難しくなるように作られているのでは？「#検察庁法改正案に抗議します」のTwitterデモ仕掛け人でもある著者が、フェミニズム、そして社会活動に目覚めるまでを涙と笑いで綴ったエッセイ集。　定価：本体1,400円＋税

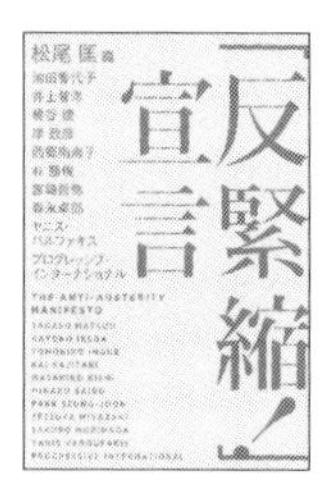

『「反緊縮！」宣言』
松尾 匡 編

【緊縮】政府が財政支出を抑制して、社会をどんどん貧しくしていくケチくさい態度。【反緊縮】政府が積極的に財政支出をして、人びとの暮らしを豊かにする、気前のよい態度。世界の政治・経済を動かす新座標軸、「反緊縮」を知らなければ、これからの社会は語れない！　人びとにもっとカネをよこせ！　日本の経済・社会を破壊した「緊縮」財政主義を超えて、いまこそ未来への希望を語ろう。　定価：本体1,700円＋税

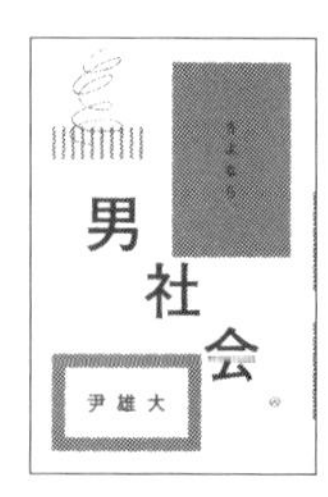

『さよなら、男社会』
尹 雄大 著

僕らはいい加減、都合のいい妄想から目を覚まさなければならない。圧倒的な非対称を生きる僕らは、どうしてその事実に気づけないのか。真に女性と、他者とつながるために、乗り越えねばならない「男性性」の正体とは何か。これまでにない男性をめぐる当事者研究。
定価：本体1,400円＋税

『越えていく人　南米、日系の若者たちをたずねて』
神里雄大 著

沖縄からペルーへ移住した先祖を持ち、首都リマで生まれた演出家。20年ぶりに訪れた生まれ故郷で、沖縄系日系人の祭りに参加する。自分もここで日系人として育っていたかもしれない——ペルー、アルゼンチン、パラグアイ、ブラジル、ボリビア。彼らをたずねる旅が始まった。日系移民の子孫たちの言葉から浮かび上がる、もう一つの日本近代史。
定価：本体1,800円＋税